РУССКО-АНГЛИЙСКИЙ СЛОВАРЬ ПО ПЛАСТМАССАМ

RUSSIAN-ENGLISH PLASTICS DICTIONARY

РУССКО-АНГЛИЙСКИЙ СЛОВАРЬ ПО ПЛАСТМАССАМ

RUSSIAN-ENGLISH PLASTICS DICTIONARY

Reversed from an English-Russian Dictionary
by Computer Processing

Harry H. Josselson, Editor
Procedures and Programs Developed by
Leon C. Bruer and Sidney Simon
Wayne State University

Detroit . Wayne State University Press . 1970

Published simultaneously in Canada by
The Copp Clark Publishing Company
517 Wellington Street, West
Toronto 2B, Canada

Library of Congress Catalog Card Number 76-99790

Standard Book Number 8143-1396-5

AUTOLEX SERIES

of Scientific and Technical Dictionaries

No. 1

Department of Slavic and Eastern Languages

and Literatures

Wayne State University

PREFACE

Soviet achievements in science and technology, especially during the past two decades, have aroused the attention and interest of the international scientific community. These achievements have been accompanied by a great quantity of Russian scientific and technical literature, volumes of which reach the English-speaking world practically each day. Consequently, there has been an enormous need for bilingual dictionaries among translators, scientists and students in many scientific and technological fields. This need is still far from being fulfilled. The present dictionary is one of many efforts to provide a means to assist in translating Russian scientific and technical literature, and thereby aid in the dissemination of Russian scientific information throughout the English-speaking community.

This dictionary was not produced by the conventional lexicographic means of searching literature, culling out and compiling terms, determining equivalent terms in the target language, and typesetting the text. This dictionary is an outgrowth of a two-year study, supported by the National Science Foundation, entitled "Research in Automatic Russian-English Scientific and Technical Lexicography" begun at Wayne State University in June 1965. The overall aim of this undertaking was to investigate the feasibility of automating the compilation processes associated with lexicography, and concurrently to design a system for producing, rapidly and inexpensively, bilingual (Russian-English) dictionaries by automatic means.

The principal technique of this system is the reversal by computer of existing up-to-date English-Russian technical dictionaries compiled by conventional means and published in the Soviet Union. The source (English-Russian) dictionaries are edited (this entails separation of multiple Russian equivalents for a given English entry, and designation of head words for each Russian equivalent), keypunched, and read onto magnetic tape. A computer program analyzes the input tape and generates an output tape of reversed Russian-English equivalence pairs. This output tape is listed in the order of the source dictionary so that all pairs generated from a single entry appear together and are thus more easily checked for errors, which are detected both manually and automatically, and then corrected; the corrections are key-punched and the dictionary tape is automatically updated. The tape is then sorted into Russian alphabetic sequence and a listing of the dictionary is produced by computer in a format suitable for its publication. The next step is review and editing by specialists in appropriate fields of science and technology. Corrections made by these specialists are used to update the dictionary tape, and a computer program automatically re-formats the material and produces a final printout for publication by a photo-offset process.

This automated production of a bilingual dictionary is not intended to suggest that conventional means of dictionary compilation should be abandoned. This procedure is designed to demonstrate the feasibility of man-machine interaction in lexicography, and also to provide bilingual dictionaries, both rapidly and inexpensively, by drawing on existing dictionaries. Martin Kay of the RAND Corporation, in a paper prepared for presentation at the annual symposium of the Interamerican Program on Linguistics and Language Teaching (held in São Paolo, Brazil, January 9-14, 1969), points out that material for a bilingual dictionary is also material for an inverted version of that dictionary, and he states "...it is clearly undesirable that the linguist should have to construct the two dictionaries separately, not only because this would be unnecessary duplication of effort but also because an automatic system can more easily ensure that no material included in one is omitted from the other."

Additional advantages of the computer-aided method of dictionary inversion or reversal are: (1) a computer stored dictionary file facilitates the rapid and inexpensive generation of revised editions; (2) no matter how the original dictionary is arranged, the reversed version may be completely re-formatted; and (3) several computer stored dictionaries can be merged and/or re-organized by an appropriately designed computer program in order to produce new dictionaries. Moreover, the cost of producing a single dictionary entry by the process described above turns out to be approximately one-fifth of the estimated cost of producing the same entry by completely manual means from the initial stage of searching the literature through the physical typesetting.

The authors wish to acknowledge the participation of the following members of the Wayne State Slavic Department in the research program which led to the present publication. Sharing in the programming effort were Immo Knoff, Michael Molnar and Ronald Stauffer. Responsibility for the preparation and manipulation of the dictionary file before and during computer processing was shared by Patrick McNally, Charles Ohno and James D. Wells.

An expression of appreciation is also due Professor John Turkevich and Mr. Charles Parsons for having taken the time to review and edit the computer output; they both made many valuable recommendations for improving the quality of the dictionary.

Finally, the authors are indebted to the National Science Foundation for its generous support of the research program underlying the production of this dictionary, and to the members of an advisory committee who took the time to meet with the research staff and to offer helpful advice and constructive criticism: Wieslaw Arlet of the Library of

Congress, Gerald Connis of the Joint Publications Research Service, Murray Howder of the Society of Federal Linguists, Zbigniew Pankowicz of the U.S. Air Force, and A. Hood Roberts of the Center for Applied Linguistics.

Since the Soviet compilation was partially based on British sources, the authors attempted to adjust all entries taken from those sources to conform to standard American, rather than British, spelling and vocabulary (e.g., mold rather than mould). Some of these entries may still retain British spelling. Comments on these and any other errors in the text will be appreciated.

December 1969

Harry H. Josselson

Wayne State University

INTRODUCTION

This dictionary is the first to be published in the Autolex Series of scientific and technical dictionaries. The series is an outgrowth of computer applications to lexicography, and involves the reversal of existing English-Russian dictionaries rather than the compilation of these dictionaries from texts and other sources.

The source for the present dictionary is АНГЛО-РУССКИЙ СЛОВАРЬ ПО ПЛАСТМАССАМ (English-Russian Plastics Dictionary), compiled by M.G. Gurary and S.S. Jofe, and edited by L.M. Pesin (Fizmatgiz: Moscow 1963). This dictionary contained approximately 6000 entries. The computer reversal has yielded a Russian-English dictionary of approximately 8000 entries.

For the most part, the entries consist of direct equivalents of one or two words each; it was a simple matter to establish a Russian headword for purposes of alphabetic sequencing of the reversed text. However, there were several entries in which the Russian equivalents consisted of descriptive phrases, or still worse of whole clauses. In these cases, selection of a headword was not such a straightforward task for the linguistic staff, although generally a noun in the nominative case was marked as headword. For example see on page 109:

универсальная месилка со стационарной дежой и двумя горизонтальными вращающимися лопастями — UNIVERSAL MIXER

Such entries provide definition rather than absolute equivalence, and generally indicate that the Soviet compilers were apparently unaware of the existence of a Russian equivalent.

Lengthy parenthetic explanations in Russian were deleted as recommended by the reviewing specialists. Brief parenthetic material was retained at the end of a Russian entry rather than attempt to translate such material and shift it to the end of the English equivalent, although this practice might be more useful — especially for the dictionary user whose knowledge of Russian is limited.

A nested publication format was adopted since this format appears to be in wide use and was favored by most technical advisors. In this format, each unique Russian entry is printed on the margin line and all contexts in which it occurs are indented below. It will be observed that some of these entries at the head of a nest do not have an English equivalent. (For example, see амортизация on page 4.) This indicates that the headword appeared only in combination with other terms in the source dictionary. It should also be noted that in entries having multiple English equivalents, the sequence of these equivalents was determined by their order in the source dictionary, and does not reflect a preference among the editors.

In order to facilitate the looking up of terms in the absence of a thumb index, a keyword index of the first entry on each page was generated by computer program.

ABBREVIATIONS

ам.	американский термин = American term
ан.	английский термин = English (British) term
бум.	целлюлозно-бумажное производство = paper and pulp production
вол.	химическая технология волокнистых веществ = chemical technology of fibrous materials
в. ф.	вакуумное формование = vacuum forming
лак.	технология лаков и красок = technology of lacquers and paints
л. д.	литье под давлением = die casting (pressure casting)
л. м.	литьевая машина = injection (molding) press
л. пресс.	литьевое прессование = flow molding
пресс.	1) пресс-форма = mold
	2) прямое прессование = compression molding
	3) прессовое оборудование = press equipment
рез.	технология резины и каучука = caoutchouc and rubber technology
сл. пл.	слоистые пластики = laminated plastics
ст. пл.	стеклопласт = fiberglas reinforced plastics
ст. т.	стеклоткань = glass cloth
физ.	физика = physics
хим.	химия = chemistry
экстр.	экструзия = extrusion
эл.	электротехника = electrical technology

АБРАЗИВ

абразив	ABRASIVE
абразивный	ABRASIVE
абразивостойкость	NON-ABRASIVE QUALITY
абсорбент	ABSORBENT
абсорбент ультрафиолетовых лучей	UV ABSORBER
абсорбировать	ABSORB
абсорбирующий	ABSORPTIVE
абсорбционное масло	ABSORBENT OIL
абсорбционный	ABSORPTIVE
абсорбция	ABSORPTION
абсорбция пластификатора	PLASTICIZER ABSORPTION
автокатализ	AUTOCATALYSIS
автоклав	AUTOCLAVE; VULCANIZER
полимеризационный автоклав	POLYMERIZER
автомат	
автомат для дозировки порошков	AUTOMATIC POWDER MEASURING MACHINE
автомат для фасовки паст	AUTOMATIC PASTE FILLER
дозирующий автомат	AUTOMATIC MEASURING MACHINE
фасовочный автомат	AUTOMATIC FILLING MACHINE
автополимеризация	AUTOPOLYMERIZATION
агар-агар	AGAR
агглютинирующий	AGGLUTINANT
агент	AGENT
антивспенивающий агент	ANTIFOAM AGENT; DEFOAMING AGENT
вспенивающий агент	EXPANDING AGENT; FOAMING AGENT
агент вулканизации	VULCANIZING AGENT
вулканизирующий агент	VULCANIZING AGENT

АГЕНТ

дегидратирующий агент	DEHYDRATING AGENT
диспергирующий агент	DISPERSING AGENT
коагулирующий агент	COAGULATING AGENT
агент обрывающий чепь	CHAIN TERMINATOR; CHAIN STOPPER; END STOPPER (OF CHAIN)
отверждающий агент	HARDENER
агент предохраняющий от гниения	ANTIMILDEW AGENT
агент придающий клейкость	TACKIFIER
агент придающий липкость	TACKIFIER
раздувающий агент	INFLATING AGENT
агент роста чепи	AGENT OF LINKING CHAIN
сушильный агент	SICCATIVE
агент сшивающий чепь	AGENT OF LINKING CHAIN
флоккулирующий агент	FLOCCULATION AGENT
агломерат	AGGLOMERATE
агломерачия	AGGLOMERATION
агломерирование	AGGLOMERATING
агломерировать	AGGLOMERATE
агломерирующий	AGGLOMERATING
агрегат	ASSEMBLY
агрегат каландров	CALENDER TRAIN
агрегат кристаллов	DRUSE
адгезия	ADHESION
аддитив	ADDITION AGENT
аддукт	ADDUCT
адипат	ADIPATE
адсорбат	ADSORBATE
адсорбент	ADSORBENT; ADSORBING SUBSTANCE; ADSORBING MATERIAL

адсорбировать	ADSORB
адсорбция	ADSORPTION
азот	NITROGEN
аккумулятор	ACCUMULATOR
воздушный аккумулятор	AIR ACCUMULATOR; COMPRESSED-AIR ACCUMULATOR; AIR BOTTLE (пресс.)
грузовой аккумулятор	WEIGHT ACCUMULATOR
плунжерный аккумулятор	RAM ACCUMULATOR
пневматический аккумулятор	COMPRESSED-AIR ACCUMULATOR
акрилат	ACRYLATE; ACRYLIC ESTER
акрилонитрил	ACRYLONITRILE; VINYL CYANAMIDE
акролеин	ACROLEIN; ACRYLALDEHYDE
активатор	ACTIVATOR
активатор вулканизации	VULCANIZATION ACTIVATOR
активатор полимеризации	POLYMERIZATION ACTIVATOR
алигнин	ARTIFICIAL COTTON
алкоголят	ALCOHOLATE; ALKOXIDE
алкоголят натрия	SODIUM ALKOXIDE
алкоксикислота	ETHER ACID
альбумин	ALBUMIN
альвеолярный	ALVEOLAR
альгинат	ALGINATE
альдегид	ALDEHYDE
бензойный альдегид	BENZOIC ALDEHYDE; BENZALDEHYDE
кротоновый альдегид	CROTON ALDEHYDE; VINYL CYANIDE
масляный альдегид	BUTYRALDEHYDE; BUTYL ALDEHYDE
муравьиный альдегид	FORMIC ALDEHYDE; FORMALDEHYDE
уксусный альдегид	ACETIC ALDEHYDE; ACETALDEHYDE

АЛЬФА-НАФТОЛ

альфа-нафтол	ALPHA-NAPHTHOL
альфа-хлоракрилат	ALPHA-CHLOROACRYLATE
альфа-целлюлоза	ALPHA CELLULOSE
алюминий	
хлористый алюминий	ALUMINIUM CHLORIDE
амид	AMIDE
амидин	
амидин угольной кислоты	CARBAMIDINE
амин	AMINE
аминокислота	AMINO ACID
двуосновная аминокислота	DIBASIC AMINO ACID
аминопласт	AMINOPLAST
прессовочный аминопласт	AMINOPLAST MOLDING COMPOSITION; AMINOPLAST MOLDING COMPOUND
аминосмола	AMINO RESIN; AMINO PLASTIC RESIN
амортизатор	DAMPER; SHOCK ABSORBER
амортизация	
амортизация пресс-формы	MOLD CUSHIONING
амортизация формы	MOLD CUSHIONING
аморфизм	AMORPHISM
аморфный	AMORPHOUS
анализ	ANALYSIS; TEST
гранулометрический анализ	SIZING TEST; MECHANICAL ANALYSIS; PARTICLE SIZE ANALYSIS
качественный анализ	QUALITATIVE ANALYSIS
количественный анализ	QUANTITATIVE ANALYSIS
контрольный анализ	CHECK ANALYSIS

ситовый анализ	SIEVE ANALYSIS
спектральный анализ	SPECTRAL ANALYSIS
ангидрид	ANHYDRIDE
ангидрид кремневой кислоты	SILICIC ACID ANHYDRIDE; SILICA
кремневый ангидрид	SILICA; SILICIC ANHYDRIDE
малеиновый ангидрид	MALEIC ANHYDRIDE
масляный ангидрид	BUTYRIC ANHYDRIDE
уксусный ангидрид	ACETIC ANHYDRIDE
анизотропия	
анизотропия слоистых пластиков	ANISOTROPY OF LAMINATES
антикоагулятор	DISPERSION STABILIZER
антикоррозийный	ANTI-CORROSIVE
антиокислитель	ANTIOXIDANT; ANTIOXYGEN
антиоксидант	ANTIOXIDANT
антискорчинг	ANTISCORCH(ING)
антифриз	ANTIFREEZE
антрачен	ANTHRACENE
аппарат	APPARATUS
автоматический отмериваюший аппарат	MEASURER
белильный аппарат	BLEACHER
вакуум-перегонный аппарат	VACUUM STILL
вулканизачионный аппарат	VULCANIZER
дистилляччионный аппарат	DISTILLING APPARATUS
аппарат для испытания на погодостойкость	WEATHERING MACHINE
аппарат для рассева	SIZING SCREEN
аппарат для сварки швом	SEAM WELDER
аппарат для ситового анализа	SIEVE SHAKER

АППАРАТ

аппарат для точечной сварки	SPOT WELDER
аппарат молекулярной дистилляции	MOLECULAR STILL
обдирочный аппарат	SCOURER
пескодувный аппарат	SAND BLOWER
пескоструйный аппарат	SANDBLASTER
реакционный аппарат	REACTION VESSEL
сварочный аппарат	WELDING APPARATUS; WELDING PLANT
аппаратура	APPARATUS
вулканизационная аппаратура	VULCANIZING EQUIPMENT
пульверизационная аппаратура	SPRAYING EQUIPMENT
аппретура	COUPLING AGENT; SIZING AGENT; SIZE
аппретура для ткацкого процесса	TEXTILE SIZE
ареометр	
самопишущий ареометр	RECORDING HYDROMETER
арматура	INSERT (пресс.)
армирование	REINFORCEMENT
армирование асбестом	ASBESTOS REINFORCEMENT
армирование стекловолокном	FIBER GLASS REINFORCEMENT
армированный	
армированный стекловолокном	GLASS-REINFORCED
армировать	REINFORCE
асбест	ASBESTOS
волокнистый асбест	SILKY ASBESTOS
длинноволокнистый асбест	LONG-FIBERED ASBESTOS
коротковолокнистый асбест	SHORT-FIBERED ASBESTOS
хризотиловый асбест	CHRYSOTILE
асфальт	ASPHALT; BITUMEN; MINERAL PITCH

АСФАЛЬТ	
асфальт из кислого гудрона	ACID SLUDGE ASPHALT
твердый асфальт (из кислого гудрона)	ACID COKE
асфальтит	ASPHALTITE
атактический	ATACTIC
ацетальдегид	ACETIC ALDEHYDE; ACETALDEHYDE
ацетанилид	ACETANILIDE
ацетат	ACETATE
ацетил	ACETYL
ацетилен	ACETYLENE
ацетилированный	ACETYLIZED
ацетилировать	ACETYLIZE
ацетилцеллюлоза	CELLULOSE ACETATE
хлопьевидная ацетилцеллюлоза	CELLULOSE ACETATE FLAKES
ацетобутират	
ацетобутират целлюлозы	CELLULOSE ACETATE BUTYRATE
ацетон	ACETONE
ацетоновый	ACETONIC; ACETONE
аэрозоль	AEROSOL
бак	CONTAINER
аккумуляторный бак	ACCUMULATOR BOX
бак для смешения	MIXING VESSEL
приемный бак	RECEIVING BOX
пропиточный бак	SATURATION TANK
сборный бак	FIXED VESSEL
бакелизация	
бакелизация готовых изделий	AFTER-BAKE
балинит	COMPREG
баллон	VESSEL

БАЛЛОН

баллон с сжатым воздухом	COMPRESSED AIR TANK
бандаж	
бандаж валка	SHELL OF ROLL
баня	
воздушная баня	AIR BATH; AIR OVEN
закрытая масляная баня	ENCLOSED OIL BATH
барабан	DRUM; BARREL; CYLINDER
галтовочный барабан	TUMBLING BARREL; DRUM TUMBLER
барабан для намотки	REEL
наклонный барабан	SWEETLE BARREL
наклонный смесительный барабан	TILTED MIXER
полировочный барабан	POLISHING DRUM
промывной барабан	WASHING DRUM
смесительный барабан	MIXING DRUM
сушильный барабан	CAN DRIER; DRYING CYLINDER
барабан центрифуги	CENTRIFUGAL BASKET
барий	BARIUM
баррель	BARREL
барьер	
потенциальный барьер	POTENTIAL BARRIER (Физ.)
энергетический барьер	ENERGY BARRIER (Физ.)
башмак	SADDLE
бегуны	CRUSHER; MULLER MIXER; PAN MIXER; EDGE MILL; WHEEL MILLS; MULLER; MIX-MULLER
бегуны для мокрого размола	WET PAN MILLS; WET PANS
мокрые бегуны	WET PANS; WET PAN MILLS
без	
без запаха	ODORLESS

без наполнителя	UNSUPPORTED
без отлипа	TACK-FREE
без примесей	UNBLENDED
безводный	ANHYDROUS
безвредный	INNOCUOUS
безопасный	INNOCUOUS; NON-HAZARDOUS
безусадочный	SHRINKPROOF
беление	BLEACHING
оптическое беление	OPTICAL BLEACHING
белила	
баритовые белила	PERMANENT WHITE
титановые белила	TITANIUM WHITE
цинковые белила	ZINC WHITE
белить	BLEACH
бензальдегид	BENZALDEHYDE
бензилцеллюлоза	BENZYL CELLULOSE
бензол	BENZENE
бериллий	BERYLLIUM
бета-нафтол	BETA-NAPHTOL
било	BEATER
бирка	TAG
бисер	BEAD
битум	BITUMEN
мягкий нефтяной битум	SEMI-ASPHALTIC FLUX
нефтяной битум	PETROLEUM ASPHALT
окисленный битум	AIR-BLOWN ASPHALT; BLOWN ASPHALT
продутый битум	BLOWN ASPHALT

БИТУМ

продутый нефтяной битум	AIR-BLOWN ASPHALT
содержащий битум	BITUMINIFEROUS
твердый битум	SOLID BITUMEN
битуминизация	BITUMINIZATION
битуминозный	BITUMINIFEROUS; BITUMINOUS
битумный	BITUMINIC
блеск	POLISH
блестящий	GLOSSY
блок	
блок матриц	CAVITY BLOCK
блок пресс-формы	MOULD BLOCK
промежуточный блок	SPACER BLOCK
блок сопла (плита пресс-формы, в которую упирается сопло)	NOZZLE BLOCK
блок формы	MOLD BLOCK
блокировать	BLOCK
блок-пресс	BLOCK-PRESS
бобы	
соевые бобы	SOYA BEANS
бобышка	BOSS
боек	STRIKING EDGE
болванка	BLOCK
болт	BOLT
зажимный болт	CLAMP BOLT
сталкивающий болт	STRIPPER BOLT (пресс.)
бомба	
калориметрическая бомба	BOMB CALORIMETER
бомбировка	
бомбировка валков	CAMBER

бор	BORON
фтористый бор	BORON FLUORIDE
борт	COLLAR
бочка	BARREL
"пьяная бочка"	DRUM TUMBLER
брак	SPOILED CASTING; REJECT
брак от усадки	WASTAGE
брак пресс-изделия	MOULDING FAULT
брать	
брать пробу	SAMPLE
брезент	TARPAULIN
брикет	BRIQUETTE; BISCUIT; PREFORM
брикетировать	PREFORM; BRIQUETTE
бром	BROMINE
бромное число	BROMINE NUMBER
бросать	TUMBLE
брус	BAR
брусок	BAR
брусок с надрезом	NOTCH BAR
стандартный брусок	STANDARD BAR
бугорок	
бугорок (дефект на поверхности пресс-изделия)	PIMPLE
бугорок (на изделии)	PAD
бугристость	
бугристость (о поверхности прессованных изделий)	PIMPLING
бумага-основа	BODY STOCK
бумолит	HARDENED PAPER

БУНКЕР

бункер	BIN; FEED CHUTE
вакуумный загрузочный бункер	VACUUM HOPPER
бункер для хранения	STORAGE HOPPER
питательный бункер	FEED HOPPER; FEED BIN
подсушивающий питательный бункер	HOPPER DRIER
приемный бункер	RECEIVING BIN
расходный бункер	FEED BIN
сборный бункер	STORAGE BIN
сьемный бункер для готовых изделий	REMOVABLE BIN FOR MOULDINGS
бункеровать	BIN
бункер-смеситель	BLENDING HOPPER
буртик	FILLET
задний буртик червяка	REAR BOTTOM RADIUS (экстр.)
передний буртик червяка	FRONT BOTTOM RADIUS (экстр.)
бутадиен	BUTADIENE
бутанол	BUTANOL
бутилацетат	BUTYL ACETATE
в	
в направлении волокна	WITH GRAIN
в направлении основы	IN WARP DIRECTION
в поперечном направлении	CROSSWISE
вагонетка	
вагонетка (в автоклаве)	TRANSFER CAR
вакуумирование	VACUUM BLOWING
вакуумметр	VACUUM GAGE
вакуум-плотный	VACUUM TIGHT
вакуум-прерыватель	VACUUM BREAKER
вакуум-фильтр	VACUUM FILTER

ВАЛ

вал	CYLINDER
выносной вал каландра	OVERHANG ROLL
каландровый вал	CALENDER ROLL
вал мешалки	SHAFT OF AGITATOR
профильный вал	PROFILING ROLL
вал ходового механизма	COUNTERSHAFT
центральный вал червяка	SCREW ROOT (экстр.)
центральный вал червяка (цилиндрическая или коническая часть без нарезки)	SCREW STEM (экстр.)
валец	ROLLER
валики	
направляющие валики	CONTACT ROLLERS
валки	
гуммированные валки	NIP ROLLS
валки для тиснения	EMBOSSING ROLLS
зажимные валки	CLAMP ROLLS
зубчатые валки	TOOTHED ROLLS
намазочные валки	SPREADER ROLLS
отжимные валки	SQUEEZE ROLLS
поддерживающие валки	SUPPORTING ROLLS
приемные валки	PICK-UP ROLLS; TAKE-OFF ROLLERS
рифленые гуммированные валки	GROOVED NIP ROLLS
валки с подвижными подшипниками	SPRING ROLLS
фасонные гуммированные валки	GROOVED NIP ROLLS
фиксированные валки	FIXED ROLLS
валок	ROLLER; ROLL
бомбированный валок	CAMBERED BOWL

ВАЛОК

ведущий валок	BACKING ROLL; CONTROL ROLL
вытяжной валок	DRAW OFF ROLL
гладкий валок	SMOOTH ROLL
валок каландра	BOWL
нажимный валок	PRESS ROLL
накаточный валок	WINDING UP ROLLER
намоточный валок	WINDING UP ROLLER
направляющий валок	GUIDE ROLLER; FEEDING ROLLER
натяжной валок	STRAIN ROLL; STRETCH ROLL; TENSION ROLL
передний валок	SIDE ROLL
питающий валок	FEED ROLL; FEEDING ROLLER
покрывной валок	ROLL COATER
профильный валок	PROFILING ROLL
раскатывающий валок	SHEETING ROLL
рифленый валок	RIBBED ROLLER
валок с острым рифлением	SHARP-CORRUGATED ROLL
вальцевание	CALENDERING
вальцевать	ROLL
вальцеваться	
способность вальцеваться	MILLABILITY
вальцованный	ROLLED
вальцовка	ROLLING STOCK
вальцуемость	MILLABILITY
вальцы	ROLL; ROLLER PRESS
гравировальные вальцы	EMBOSSING ROLLERS
двухвалковые вальцы	TWIN ROLLS
вальцы для нанесения покрытия	DOCTOR ROLLS

ВАЛЬЦЫ

дробильные вальцы	CRUSHING ROLLS; CRACKER MILLS
листовальные вальцы	FLATTING MILLS; SHEET MILLS; SHEET ROLLS; SHEETER
направляюшие вальцы	CONTACT ROLLERS
охлаждаюшие вальцы	CHILL ROLLERS; COOLING ROLLERS; CHILLED ROLLS; CHILLER
пастомесильные вальцы	PASTE MILLS
подогревательные вальцы	WARMER
рифленые вальцы	CORRUGATED ROLLS; GROOVED ROLLS
рифленые месильные вальцы	CORRUGATED MIXING ROLLS
вальцы с водяным охлаждением	WATER-COOLED ROLLS
смесительные вальцы	MIXING ROLLS; MIXING MILLS
вальцы с тупым рифлением	DULL CORRUGATED ROLLS
сушильные вальцы	DRYING ROLLS
холодильные вальцы	COOLING ROLLERS
валять(ся)	FELT
ванадий	VANADIUM
ванна	
водяная ванна	WATER TROUGH
закалочная ванна	QUENCHING BATH; QUENCHER
макательная ванна	DIPPING TANK
охлаждаюшая ванна	QUENCHER
шелочная ванна	ALKALINE SOAKER
вар	TAR; PITCH
вариатор	
вариатор скорости врашения червяка	VARIABLE SPEED BOX
вата	
стеклянная вата	GLASS WOOL

ВАТА

целлюлозная вата	ARTIFICIAL COTTON
вдавливание	DENTING; PENETRATION
вдавливание (наконечником)	INDENTATION
остаточное вдавливание	RESIDUAL INDENTATION
везерометр	WEATHEROMETER
величина	
величина впрыска	SHOT VOLUME
величина вязкости	VISCOSITY NUMBER
заданная величина	DESIRED VALUE
величина отверстий решета	SCREEN SIZE
переменная величина	VARIABLE
предельная величина	LIMITING VALUE
величина прочности при растяжении	TENSILE VALUE
регулируемая переменная величина	CONTROLLED VARIABLE
величина сопротивления растяжению	TENSILE FIGURE
вентиль	VALVE
дроссельный вентиль	THROTTLE VALVE; THROTTLE
запорный вентиль	CHECK VALVE
вентилятор	BLAST
нагнетательный вентилятор	BLOWER
электрический вентилятор	ELECTRIC MOTOR
вертеть	TURN
вес	
вес впрыска	WEIGHT MOLDED PER SHOT; WEIGHT-MOLDED SHOT
вес в сухом состоянии	DRY WEIGHT
вес единицы объема сыпучего тела	BULK WEIGHT
молекулярный вес	MOLECULAR WEIGHT

ВЕС

насыпной вес	BULK WEIGHT; BULK DENSITY
насыпной вес (вес единицы объема сыпучего тела)	BULK SPECIFIC GRAVITY
насыпной вес порошка	APPARENT POWDER DENSITY
объемный вес	VOLUME WEIGHT
объемный вес порошка	APPARENT POWDER DENSITY
первоначальный вес	ORIGINAL WEIGHT
полный вес	FULL WEIGHT
вес пропускаемого материала	THROUGH-PUT WEIGHT
вес проходящего материала	THROUGH-PUT WEIGHT
расчетный вес	CALCULATED WEIGHT
регулируемый молекулярный вес	CONTROLLED MOLECULAR WEIGHT
собственный вес	DEAD WEIGHT
сухой вес	DRY BASIS
удельный вес	SPECIFIC WEIGHT; SPECIFIC GRAVITY
весы	
аналитические весы	ANALYTIC (AL) BALANCE
крутильные весы	TORSION BALANCE
технические весы	INDUSTRIAL BALANCE
цепные весы	CHAINOMATIC BALANCE (ам.)
ветошь	RAGS
вещества	
вспененные вещества	EXPANDED MATERIALS
моховидные вещества	MOSS-LIKE MATERIALS
вещество	AGENT
агглютинирующее вещество	AGGLUTINANT
адсорбированное вещество	ADSORBATE
адсорбирующее вещество	ADSORBENT; ADSORBING MATERIAL; ADSORBING SUBSTANCE

ВЕЩЕСТВО

аморфное вещество	AMORPHOUS SUBSTANCE
антипенное вещество	ANTI-FOAM
вещество вызывающее образование хлопьев	FLOCCULATION AGENT
вяжущее вещество	BINDING AGENT
вещество для удаления лака	VARNISH REMOVER
клеящее вещество	ADHESIVE
кристаллическое вещество	CRYSTALLINE MATTER
минеральное вещество	MINERAL SUBSTANCE
неорганическое вещество	INORGANIC SUBSTANCE
пенообразующее вещество	FROTHER
поверхностноактивное вещество	SURFACTANT
порообразующее вещество	BLOWING AGENT; SPONGING AGENT
вещество применяемое для матирования текстильного материала	DELUSTRANT
производное вещество	DERIVATIVE
проникающее вещество	PERMEANT
раздувающее вещество	SPONGING AGENT
связующее вещество	BINDING AGENT; BINDER; BINDING MATERIAL
склеивающее вещество	AGGLUTINANT
смачивающее вещество	WETTING AGENT
взаимодействие	INTERACTION
взаимозависимый	INTERDEPENDENT
взбалтывать	STIR; TO SHAKE UP
взвешивать	WEIGH
вздутие	BLISTER
вибрировать	SHAKE
вибропитатель	VIBRATORY FEEDER

вид	FASHION
вилка	
дистанчионная вилка	SPACER FORK
сьемная вилка	STRIPPING FORK
вилообразный	BIFURCATE
винил	VINYL
винилачетат	VINYL ACETATE
винилкарбазол	VINYL CARBAZOLE
винилформиат	VINYL FORMIATE
винт	BOLT; SCREW
зажимный винт	CLAMP SCREW; CLAMP BOLT
регулирующий винт	ADJUSTING SCREW
установочный винт	ADJUSTING SCREW; CLAMP SCREW
винторез	TAP
винты	
винты для регулировки установки формы	MOULD ADJUSTMENT SCREWS
вискоза	VISCOSE
вискозиметр	VISCOMETER; VISCOSIMETER
вискозиметр для определения индекса расплава	FLOW MELT INDEXER
вискозиметр истечения	EFFLUX TYPE VISCOMETER
маятниковый вискозиметр	PENDULUM VISCOSIMETER
ротачионный вискозиметр	ROTATION VISCOSIMETER
вискозиметрия	VISCOMETRY; VISCOSIMETRY
висмут	BISMUTH
виток	
виток (резьбы)	THREAD
вкладыш	BUSHING (л. д.)

ВКЛАДЫШ	
вкладыш подшипника	BEARING BUSH
включение	
включение вакуума	VACUUM BLOWING
включение воздуха	TRAPPING OF AIR; INCLUSION OF AIR
включение воздуха в пластике	ENTRAPPED AIR; POCKET AIR
воздушное включение	ENTRAPPED AIR; POCKET AIR
воздушное включение (вид дефекта в пластике)	AIR POCKET
смолистое включение (вид дефекта на прессованных изделиях)	RESIN POCKET
включения	
металлические включения	TRAMP METAL
минеральные включения	MINERAL SPOTS
включенный	EMBEDDED
влагонепроницаемый	MOISTUREPROOF; MOISTURE RESISTANT
влагонепроницаемый	DAMP-PROOF
влагопоглощение	
нулевое влагопоглощение	ZERO MOISTURE ABSORPTION
влагосодержание	MOISTURE CONTENT
остаточное влагосодержание	RESIDUAL MOISTURE CONTENT; REGAIN
влагоустойчивость	MOISTURE RESISTANCE
влажность	DAMPNESS
гигроскопическая влажность	HYGROSCOPIC MOISTURE; REGAIN
влажность (окружающего воздуха)	HUMIDITY
влияние	EFFECT
влияние боковых связей	BRANCHING EFFECT
влияние поверхности	SURFACE EFFECT; AREA EFFECT

ВЛИЯНИЕ

влияние ползучести	CREEP EFFECT
влияние степени ориентации	ORIENTATION EFFECT
вмятина	DENT; DIMPLE; SINK MARK
внахлестку	
внахлестку под косым срезом (о сварке)	TAPERED OVERLAP
вода	
входящая вода	INLET WATER
вода высокого давления	HIGH-PRESSURE WATER
вода для привода гидравлических прессов	PRESS WATER
оборотная вода	RETURN WATER
отработанная вода	TAIL WATER
производственная вода	PROCESS WATER
сбросная вода	TAIL WATER
водонепроницаемый	WATERPROOF; WATERTIGHT
водопоглощаемость	WATER SORPTION
водопоглощение	WATER SORPTION; WATER ABSORPTION
водопровод	CONDUIT
водорастворимый	WATER SOLUBLE
водород	HYDROGEN
водостойкий	IMPERVIOUS
водостойкость	WATER RESISTANCE
водоупорный	IMPERVIOUS; WATERPROOF; WATERTIGHT
возбудитель	
возбудитель полимеризации	POLYMERIZATION ACTIVATOR
возвращение	
возвращение к первоначальному состоянию	MEMORY EFFECT

возгон	SUBLIMATE
возгонять	SUBLIMATE
воздействие	
слабое воздействие	SLIGHT ATTACHMENT
воздух	
влажный воздух	HUMID AIR
подающий воздух	AIR FEEDER
сжатый воздух	COMPRESSED AIR
циркулирующий воздух	CIRCULATING AIR
циркуляционный воздух	CIRCULATING AIR
воздуходувка	BLOWER
воздухонепроницаемый	AIR-PROOF; AIR-TIGHT
воздухоотделитель	DEAERATOR
воздухопроницаемость	AIR PERMEABILITY
воздушник	VENT OF MOLD
воздушник (узкий канал для выхода воздуха)	AIR VENT (пресс.)
воздушник корпуса	BARREL VENT (экстр.)
воздушники	AIR GROOVES; VENT GROOVES
возобновлять	
возобновлять полировку	REPOLISH
войлок	BATTING; FELT
волластонит	WOLLASTONITE
волнистость	
волнистость поверхности	SURFACE WAVINESS
волнистый	CORRUGATED
волны	
ультразвуковые волны	ULTRA-SONICS

ВОЛОКНА

волокна	
искусственные волокна	ARTIFICIAL FIBERS
полусинтетические волокна	SEMI-SYNTHETIC FIBERS
синтетические волокна	SYNTHETIC FIBERS
волокнистый	FIBROUS; FILAMENTARY; GRAINED
волокнит	FIBER-FILLED MOLDING MATERIAL
волокно	FIBER
акриловое волокно	ACRYLIC FIBER
альгинатное волокно	ALGINATE FIBER
ацетатное волокно	ACETATE FIBER
бесконечное волокно	RAYON
грубое волокно	COARSE FIBER
древесное волокно	WOOD FIBER
короткое волокно	SHORT FIBER
крученое волокно	TWISTED FIBER
прядильное стеклянное волокно	GLASS SILK
волокно рами	RAMIE
растительное волокно	VEGETABLE FIBER
стеклянное волокно	GLASS FIBER; FIBER; SPUN GLASS; GLASS SILK
химическое волокно	CHEMICAL FIBRE
целлюлозное волокно	CELLULOSE FIBRE
штапельное волокно	STAPLE FIBRE; STAPLE
штапельное стеклянное волокно	CHOPPED STRANDS
элементарное волокно	FILAMENT
элементарное стеклянное волокно	GLASS FILAMENT; GLASS MONOFILAMENT
волосовина	CRAZE
вольфрам	TUNGSTEN

ВОРОНКА

воронка	
загрузочная воронка	FEED CHUTE; FEED HOPPER
воск	WAX
буроугольный воск	MONTAN WAX
горный воск	EARTH WAX
церезиновый воск	CERESIN(E) WAX
воскирование	WAX TREATMENT
воспламеняемость	IGNITABILITY; INFLAMMABILITY; FLAMMABILITY
воспламеняемость при испытании раскаленной иглой	HOT NEEDLE INFLAMMABILITY
воспламеняемый	IGNITABLE; FLAMMABLE
воспламеняющийся	FLAMMABLE; INFLAMMABLE
восприимчивость	
восприимчивость к...	SUSCEPTIBILITY TO ...
воспроизведение	
точное воспроизведение	REPLICA
воспроизводимость	REPRODUCIBILITY
воспроизводить	SIMULATE
восстановитель	REDUCTIVE AGENT
восстановление	
восстановление вмятины	RECOVERY FROM INDENTATION
пластическое восстановление	PLASTIC RECOVERY
упругое восстановление	ELASTIC RECOVERY
вотатор	VOTATOR
вощение	WAXING
вощеный	WAXED
впадина	SUNK SPOT
впитываемость	BLOTTING CAPACITY; SATURATION CAPACITY

впитывание	IMBIBING
впрыскивание	INJECTION
впрыскивать	INJECT
впрыскивать в форму	TO INJECT INTO A MOLD
впрыскивать вхолостую	TO INJECT INTO THE AIR
впуск	
впуск воздуха	AIR INLET
время	
время впрыска	INJECTION TIME
время выдержки перед склеиванием	OPEN ASSEMBLY TIME
время выдержки под давлением	INJECTION BOOST TIME; BOOSTER SET
время выстаивания	DETENTION-TIME
время до исчезновения отлипа	TACK-FREE TIME
время достижения "предела пропорчиональности" при испытании на ползучесть	CREEP YIELD TIME
время желатинизачии	GELATION TIME; GEL TIME
время замыкания (пресс-формы)	CLOSING TIME
время замыкания пресс-формы на стакане	CUP FLOW FIGURE
время заполнения формы	MOLD FILL TIME
время отверждения	HARDENING TIME; SETTING TIME; CURE TIME
время охлаждения	COOLING TIME
время пребывания полимера в перерабатывающей машине	DWELL TIME
время разогрева	WARM-UP TIME
время релаксачии	RELAXATION TIME
время сушки	DRYING TIME
время схватывания	SETTING TIME

всасываемость	SUCTION CAPACITY; BLOTTING CAPACITY
вспененный	FOAMED
вспенивание	FOAMING; FROTHING; EXPANSION OF POLYMERS
вспенивание на месте применения	FOAMING IN PLACE
недостаточное вспенивание	FOAM COLLAPSE
чрезмерное вспенивание	FOAM OVERBLOW
вспенивать	EXPAND
вспученный	DISHED; DOMED
вспучивание	BULGING; BLISTERING
вспучивать	BULGE
вставка	INSERT (пресс.)
вставка матрицы	PLUG; BOTTOM PLUG
нормализованная вставка пресс-формы	UNIT MOULD
оформляющая вставка матрицы	MOULD INSERT
оформляющая вставка пуансона	MOULD INSERT
встряхивать	SHAKE; TO SHAKE UP; STIR
втулка	SLEEVE; BUSH; BUSHING (л. д.)
коническая втулка	CONICAL SLEEVE
втулка корпуса червячного пресса	BARREL SLEEVE
литниковая втулка	FEED BUSH; SPRUE BUSH; SPRUE BUSHING; ADAPTER (л. пресс.)
направляющая втулка	GUIDE BUSHING (пресс.)
направляющая втулка в пресс-форме	GUIDE BUSH; DOWEL BUSH
направляющая втулка в форме	DOWEL BUSH; GUIDE BUSH
втулка направляющей колонки	GUIDE PIN BUSHING (пресс.)
опорная втулка	BUSHING (л. д.)
питающая втулка	FEED BUSH; NOZZLE REGISTER

ВТУЛКА

сьемная втулка корпуса	BARREL LINER
втулка чилиндра	CYLINDER LINER
вулканизат	VULCANIZATE
вулканизатор	VULCANIZER
вулканизачия	VULCANIZATION
последующая вулканизачия	AFTERVULCANIZATION
выверка	ALIGNMENT
выдавливание	CHASING; SINKING
выдавливание на токарном станке	SPINNING
холодное выдавливание	DIE SINKING (пресс.); HOBBING (пресс.)
выдавливать	
выдавливать пресс-форму (холодным способом)	TO SINK A MOLD
выдавливать (ся)	TO SQUEEZE OUT
выделение	
чрезмерное выделение газов	OVERGASSING
выделять	ELIMINATE
выделяться	EXUDE
выдержка	HARDENING TIME; SETTING TIME; CURE TIME
выдержка при сборке	CLOSED ASSEMBLY TIME
выдержка при склейке	CLOSED ASSEMBLY TIME
выдержка при формовании	MOULDING TIME
выдувание	BLOW; BLOWING; BLOWING-OFF; DEFLATION
выдувать	DEFLATE
выдувать	BLOW
выдувка	BLOWING-OFF
выдувные	
выдувные изделия	INFLATABLES

ВЫЕМКА

выемка	CHAMFER
боковая выемка	SIDE CUTTING
звездообразная выемка (на держателе дорна в экструзионной головке)	SPIDER FIN
выемка из формы	DEMOULDING
выжимать	TO SQUEEZE OUT
выжимка	SPUE
вызывать	
вызывать смолообразование	RESINIFY
вызывающий	
вызывающий коробление	WARPING
выкладка	
выкладка (стеклоткани в форме)	LET-UP
выключатель	CIRCUIT BREAKER; BREAKER
конечевой выключатель управления ходом машины при обрыве литника	SPRUE BREAK LIMIT SWITCH
вынимание	
вынимание изделия из формы	STRIPPING FROM THE MOULD
вынимать	
вынимать пазы	CHAMFER
выносливость	ENDURANCE; PERMANENT STRENGTH
выпадение	
выпадение хлопьями	FLOCCULATION
выпаривание	VAPORIZATION
выпаривать	BOIL
выпекание	BAKING
выпекать	BAKE; CURE
выплавлять	
выплавлять острым паром	TO STEAM OUT

ВЫПОЛНЕННЫЙ

выполненный	
тщательно выполненный	METICULOUS
выполнять	EFFECT
выпотевание	EXUDATION; BLEEDING
выпотевание пластификатора	PLASTICIZER EXTRACTION
выпотевание смазки	LUBRICANT EXUDATION
выпотевать	EXUDATE; EXUDE; BLEED
выпрессованный	MOULDED-IN
выпрессовка	FLASH OVERFLOW; SPUE; SPEW
выпуклый	
выпуклый (о пластике)	DOMED; DISHED
выпуск	YIELD
выпуск газов	GASSING; BREATHING
выравнивание	ALIGNMENT
выравниватель	
выравниватель давления	PRESSURE EQUALIZER
выравнивать	ALIGN; STRAIGHTEN
вырубание	PUNCHING
вырубка	PUNCHING
вырубка термопластов по контуру	BLANKING
высокого	
высокого качества	FINE
высокодисперсный	MICROATOMIZE
высокомолекулярный	HIGH-MOLECULAR
высокополимер	HIGH POLYMER
высокочастотный	HIGH-FREQUENCY
выступ	
выступ пресса	STRAIN ROD

ВЫСТУПАНИЕ

выступание	
выступание наполнителя (дефект в прессованных изделиях)	FILLER SPECK
выступать	EMERGE
высушивание	DEHUMIDIFICATION
высушивание при низких температурах	LOW BAKING
выталкивание	EJECTION; KNOCK-OUT (пресс.)
автоматическое выталкивание	AUTOMATIC EJECTION
нижнее выталкивание	BOTTOM EJECTION (пресс.)
ручное выталкивание	HAND EJECTION
выталкиватель	EJECTOR; EJECTOR PAD
выталкиватель	KNOCK-OUT PIN; KNOCK-OUT (пресс.)
пружинный выталкиватель	SPRING EJECTOR (пресс.); EJECTOR SPRING
выталкиватель центрального литника	EJECTOR SPRUE; SPRUE EJECTOR
выталкивать	EJECT
вытекание	
вытекание избытка пресс-массы	FLASH OVERFLOW
вытекающий	EFFLUENT
вытягивание	DRAWING; STRETCHING
вытягивание в одном направлении	UNAXIAL STRETCHING
вытягивание в поперечном направлении	TRANSVERSAL STRETCHING
вытягивание в продольном направлении	LONGITUDINAL STRETCHING
всестороннее вытягивание (во всех направлениях)	OMNIRADIAL STRETCHING
двухосное вытягивание (в двух взаимно-перпендикулярных направлениях)	BIAXIAL STRETCHING
многоосное вытягивание (в различных направлениях)	MULTI-AXIAL STRETCHING
вытягивание на холоду	COLD STRETCH

ВЫТЯГИВАНИЕ

равномерное вытягивание	EVEN STRETCHING
вытягивать	STRETCH
глубоко вытягивать (термопласт)	SWAGE
вытягивать (нить)	DRAW
вытяжка	DRAWING; STRETCH FORMING
аиетоновая вытяжка	ACETONE EXTRACT
вакуумная вытяжка сложного контура с разносторонней кривизной	VACUUM SNAP-BACK
глубокая вытяжка	DEEP DRAW
глубокая вытяжка с применением смазки	GREASE FORMING
вытяжка на холоду	COLD DRAWING
равномерное вытяжка	EVEN STRETCHING
холодная вытяжка	COLD STRETCH; COLD DRAWING
вытянутые	
вытянутые нити	STRETCHED FILAMENTS
выхлоп	JET
выход	YIELD
выходить	EMERGE
выходяший	EFFLUENT
вычветание	FADING; BLOOMING
выштамповка	
выштамповка при помоши переносного штампа	FREE-HAND BLANKING
выштамповка при помоши съемного штампа	FREE-HAND BLANKING
вышелачивание	LIXIVIATION
вязкий	GLUTINOUS; ROPY; RESILIENT; STICKY; VISCID; VISCOUS
вязкость	VISCIDITY; VISCOSITY; TENACITY; RESILIENCE; ROPINESS; GLUTINOUSNESS

ВЯЗКОСТЬ

абсолютная вязкость	ABSOLUTE VISCOSITY
внутренняя вязкость	INTRINSIC VISCOSITY
динамическая вязкость	DYNAMICAL VISCOSITY
кинематическая вязкость	KINEMATIC VISCOSITY
низкая вязкость	LIGHT BODY
относительная вязкость	RELATIVE VISCOSITY; RATIO OF VISCOSITY
вязкость по Энглеру	ENGLER DEGREE
сдвиговая вязкость	SHEAR VISCOSITY (физ.)
ударная вязкость	IMPACT STRENGTH
ударная вязкость образца с надрезом	NOTCHED IMPACT STRENGTH
удельная вязкость	SPECIFIC VISCOSITY
характеристическая вязкость	INTRINSIC VISCOSITY
вязко-упругие	
вязко-упругие свойства	VISCOELASTIC BEHAVIOUR
газ	
природный газ	ROCK GAS; NATURAL GAS
углекислый газ	CARBON DIOXIDE GAS
газонепроницаемость	GASTIGHTNESS
газонепроницаемый	GAS-PROOF; GASTIGHT
газообразование	
интенсивное газообразование	OVER GASSING
газообразователь	GAS DEVELOPING AGENT
газоплотный	GASTIGHT
газопоглощение	GAS ABSORPTION
газопроницаемость	GAS PERMEABILITY
гайка	
глухая гайка	CAP NUT

ГАЙКА

колпачковая гайка	CAP NUT
фиксирующая гайка	RETAINER RING (экстр.)
галтовка	BARRELING; TUMBLING
гальваноформы	
гальваноформы (для пластмасс)	ELECTROFORMED MOLDS
гаситель	
гаситель искры	SPARK EXTINGUISHER
гексамер	HEXAMER
гексаметилендиаминадипат	HEXAMETHYLENE DIAMINE ADIPATE; NYLON SALT
гексаметилендиизоцианат	HEXAMETHYLENE DIISOCYANATE
гексаметилентетрамин	HEXAMETHYLENE TETRAMINE; HEXAMINE
гелеобразование	GELLING ACTION
преждевременное гелеобразование	PREMATURE GELATION
гель	GEL
необратимый гель	IRREVERSIBLE GEL
обратимый гель	REVERSIBLE GEL
генератор	
генератор ультразвуковых колебаний	SUPERSONIC GENERATOR
уравновешенный генератор (в котором оба электрода имеют одинаковый потенциал по отношению к земле)	BALANCED OUTPUT GENERATOR
герметизация	SEALING
герметик	SEALING COMPOUND
гетерогенность	HETEROGENEITY
гетероморфный	HETEROMORPHOUS
гетерополимер	HETEROPOLYMER
гетерополимеризация	HETEROPOLYMERIZATION
гетероциклический	HETEROCYCLIC

ГЕТИНАКС

гетинакс

гетинакс (слоистые материалы из бумаги, пропитанной смолой)	HARDENED PAPER
гибкий	PLIABLE; FLEXIBLE
гибкость	FLEXIBILITY; FLEXURAL PROPERTIES
гигрометр	HYGROMETER
гигроскопический	HYGROSCOPIC
гигроскопичность	HYGROSCOPICITY
гидратцеллюлоза	HYDRATED CELLULOSE
гидрозоль	HYDROSOL
гидроксил	HYDROXYL
спиртовой гидроксил	ALCOHOLIC HYDROXYL
фенольный гидроксил	PHENOLIC HYDROXYL
гидролиз	HYDROLYSIS
гидроперекись	HYDROPEROXIDE
гидроперекись ацетила	ACETIC HYDROPEROXIDE; ACETYLHYDROPEROXIDE
гидроперекись бензоила	BENZOHYDROPEROXIDE; BENZOYL HYDROPEROXIDE
гидрофильный	HYDROPHILIC
гидрофобный	HYDROPHOBIC
гидрохинон	HYDROQUINONE
гидроцеллюлоза	HYDROCELLULOSE
гильза	
трансформаторная изолирующая гильза	TRANSFORMER BARRIER TUBE
гильотина	GUILLOTINE
гистерезис	HYSTERESIS
гладилка	TROWEL
глаз	
"рыбий глаз" (дефект в прозрачном пластике)	FISHEYE

ГЛАЗУРОВАНИЕ

глазурование	GLAZING
глазуровать	GLAZE
глазурь	GLAZE
гликоль	GLYCOL
глина	CLAY
активированная глина	ACTIVATED CLAY
глинозем	ALUMINA
глицерин	GLYCEROL; GLYCERINE
глицид	GLYCIDOL
глубина	
глубина на которую расплавляется материал при сварке	DEPTH OF FUSION
глубина нарезки	DEPTH OF THREAD; CHANNEL DEPTH
глубина оформляющей полости матрицы	CAVITY DEPTH
глубина рабочего канала (измеренная в радиальном направлении от внутренней поверхности корпуса и до вала червяка)	SCREW CHANNEL DEPTH (экстр.)
глубина размягчения	DEPTH OF FUSION
глубина резьбы (червяка)	FLIGHT DEPTH (экстр.)
глушитель	DAMPER
глянец	GLAZE; GLOSS; POLISH; POLITURE; SHEEN
высокий глянец	HIGH SHEEN; HIGH FINISH
глянцевание	GLAZING
глянцевать	GLAZE; GLOSS
глянцевитость	GLOSSINESS
глянцевый	GLOSSY
гнездо	
нормализованное гнездо литьевой формы	UNIT MOULD INJECTION
гнездо пресс-формы	IMPRESSION

ГНЕЗДО

гнездо пресс-формы	MOLD IMPRESSION; MOLD FORM
гнездо пресс-формы	CAVITY
гнездо пресс-формы	MOLD CAVITY
головка	HEAD (экстр.)
боковая головка, подводящая массу	SIDE DELIVERY HEAD
выдувная головка	BLOW-HEAD
выносная головка с угловым подводящим каналом	COAT-HANGER DIE
головка для экструзии	EXTRUSION DIE
головка для экструзии пленки и листов	EXTRUSION DIE FOR FLAT SHEET
головка для экструзии стержней и волокон	EXTRUSION DIE FOR RODS AND FILAMENTS
головка для экструзии труб	EXTRUSION DIE FOR PIPE EXTRUSION; EXTRUSION DIE FOR TUBING
литьевая головка	INJECTION CYLINDER
нагревательная головка	HEATER HEAD
осевая головка	AXIAL HEAD
пластицирующая головка	SMEAR HEAD
поперечная головка	HEAD FOR SIDE EXTRUSION; CROSS-HEAD
поперечная экструзионная головка (в которой направление выхода продукта перпендикулярно оси червяка)	ANGLE EXTRUSION HEAD; OLIQUE HEAD
поперечная экструзионная головка	CROSS-HEAD DIE
разбрызгивающая головка	SHOWER HEAD
разделительная головка	SEPARATOR HEAD
револьверная головка	TURRET
сменная головка	REPLACEABLE HEAD
траверсная головка	CROSS-HEAD
головка червячного пресса	DIE HEAD; EXTRUDER HEAD; EXTRUSION HEAD; MAIN HEAD

шличевая головка	FLAT DIE (экстр.); FLAT SHEETING DIE (экстр.); SHEET DIE; SLOT DIE
щелевая головка	EXTRUSION DIE FOR FLAT SHEET
экструзионная головка	DIE HEAD; EXTRUDER HEAD; EXTRUSION HEAD
экструзионная головка прямоточного типа	STRAIGHT-THROUGH HEAD
гомогенизация	HOMOGENIZATION
гомогенизация смеси компонентов	FUSION
гомогенизировать	HOMOGENIZE
гомогенность	HOMOGENEITY
гомогенный	HOMOGENEOUS
гомополимер	HOMOPOLYMER
горелка	
газовая сварочная горелка	GAS-HEATED WELDING TORCH
сварочная горелка	TORCH; WELDING TORCH; WELDING GUN
электрическая сварочная горелка	ELECTRICALLY HEATED WELDING TORCH
горло	NECK
горючий	INFLAMMABLE
гофр	CRIMP
гофрирование	EMBOSSING; GOFFERING
гофрированный	CORRUGATED
гофрировать	CRIMP; GOFFER; GAUFFER
гравий	SAND
гравиметрический	GRAVIMETRIC(AL)
градиент	
градиент влажности	MOISTURE GRADIENT
градиент давления	PRESSURE GRADIENT

ГРАДИЕНТ

тепловой градиент	HEAT GRADIENT
градуировать	CALIBRATE
градус	DEGREE
градус Энглера	ENGLER DEGREE
граница	
граница раздела двух несмешивающихся жидкостей	DINERIC INTERFACE
гранула	GRAIN; BEAD
гранулированный	GRAINED; GRANULAR
гранулировать	GRANULATE; GRAIN
гранулы	
предварительно вспененные гранулы	PRE-EXPANDED FOAMED BEADS
гранулятор	GRANULATOR
грануляция	GRANULATION; GRAIN
грат	FLASH; FIN; BURR; TAILS
вертикальный кольцевой грат	VERTICAL FLASH RING
кольцевой грат (образуемый между пуансоном и матрицей)	FLASH RING
отжимный грат	FLASH FIN
графит	GRAPHITE
графт-полимеризация	GRAFT POLYMERIZATION
гребенка	PIPE MANIFOLD
гребенка (труба с рядом параллельных патрубков)	MANIFOLD
гроздь	
гроздь (изделие вместе с литниками)	BISCUIT SPRAY
грохот	SIFTING MACHINE
барабанный грохот	DRUM SCREEN; REVOLVING SCREEN; ROTARY SCREEN; ROTARY TROMMEL; SCREENING TROMMEL

ГРОХОТ

качающийся грохот	SHAKER; SHAKING SIEVE
конический барабанный грохот	CONICAL ROTATING SCREEN
грохочение	
последовательное грохочение	STEP SIZING
груз	
ударный груз	IMPACT WEIGHT
грузоподъемность	CARRYING CAPACITY
грунт	DAUB; BOTTOM
грунтовать	DAUB
грунтовка	BASE COAT; PRIMER
группа	
группа вальцов	MILL LINE
концевая группа	END GROUP; TERMINAL (хим.)
концевая карбоксильная группа	TERMINAL CARBOXYL
мостиковая метиленовая группа	METHYLENE BRIDGE
нитрильная группа	NITRILE GROUP
гуанидин	GUANINE
губка	SPONGE
вспененная губка	EXPANDED SPONGE
губчатый	SPONGY
гудрон	
кислый гудрон	ACID SLUDGE
нефтяной асфальтовый гудрон	SEMI-ASPHALTIC FLUX
гуммирование	RUBBER LINING
гуммированный	RUBBER LINED
гуммировка	RUBBER LINING
густеть	THICKEN
густота	
кажущаяся густота	FALSE BODY

ДАВАТЬ

давать

способность давать усадку	SHRINKABILITY
давать трещины	CRAZE
давать усадку	SHRINK

давление — SQUEEZE; LOAD

атмосферное давление	AIR PRESSURE
давление в мундштуке	DIE PRESSURE
давление воздуха	AIR PRESSURE
всестороннее давление	OMNIDIRECTIONAL PRESSURE
давление в трубопроводе	LINE PRESSURE
допустимое рабочее давление	SAFE WORKING PRESSURE
дутьевое давление	BLOWING PRESSURE
давление замыкания пресс-формы	CLAMPING PRESSURE
давление замыкания формы	CLAMPING PRESSURE; LOCKING PRESSURE
избыточное давление	OVERPRESSURE
давление литья	INJECTION PRESSURE
максимально допустимое давление	MAXIMUM ALLOWABLE PRESSURE
манометрическое давление	GAUGE PRESSURE
давление набухания	SWELLING PRESSURE
осевое давление	AXLE LOAD; THRUST LOAD; THRUST
давление пара	VAPOR PRESSURE
давление по манометру	GAUGE PRESSURE
постоянное давление	FOLLOW-UP PRESSURE
давление предварительного заполнения	PILOT PRESSURE (пресс.)
давление при прямом прессовании	COMPRESSION MOLDING PRESSURE
рабочее давление	WORKING PRESSURE
разрушающее давление	BURSTING PRESSURE

ДАВЛЕНИЕ

удельное давление	SPECIFIC PRESSURE; UNIT PRESSURE
удельное давление литья	SPECIFIC INJECTION PRESSURE
удельное давление прессования	SPECIFIC MOLDING PRESSURE
удельное давление при прессовании	MOLDING PRESSURE
удельное давление при формовании	MOLDING PRESSURE
упорное давление	THRUST
давление через жидкую среду	FLUID PRESSURE
давление через эластичную среду	FLEXIBLE PRESSURE
чрезмерное давление	OVERPRESSURE
давление экструзии	EXTRUSION PRESSURE

данные

данные рентгеновского анализа	X-RAY DATA; X-RAY EVIDENCE

дающий

не дающий усадки	SHRINKPROOF
дающий усадку	SHRINKABLE

движение

беспорядочное движение	TURBULENCE
вращательное движение	TURBULENCE
турбулентное движение	TURBULENCE

двуокись

двуокись кремния	SILICA

двуосная

двуосная ориентация	BIAXIAL ORIENTATION

двухатомный

двухатомный спирт	DIATOMIC ALCOHOL; DIBASIC ALCOHOL

двухчервячный

двухчервячный (о прессе)	TWIN-SCREW; TWIN-WORM

двухшнековый	TWIN-SCREW; TWIN-WORM; DOUBLE-HELICAL
деаэратор	DEAERATOR
деаэрация	DEAERATION
девулканизатор	DEVULCANIZING PAN
дегазация	DEGASSING
дегазирование	DEGASSING
дегазировать	DEGAS
дегидратация	DEHYDRATION
дегидратировать	DEHYDRATE
деготь	PITCH; TAR
деготь водяного газа	WATER-GAS TAR
газовый деготь	GASWORKS TAR
газогенераторный деготь	PRODUCER GAS TAR
древесный деготь	WOOD TAR
каменноугольный деготь	COAL TAR
кубовый деготь	RESIDUE TAR
первичный деготь	PRIMARY TAR
деготь получающийся при карбюрации водяного газа	WATER-GAS TAR
сланцевый деготь	SHALE TAR; SHALE OIL
деготь сухой перегонки хвойной древесины	SOFTWOOD TAR
хвойный деготь	SOFTWOOD TAR
деградация	DEGRADATION
деградировать	DEGRADE
дегтевыделение	TAR SEPARATION
дезинтегратор	DESINTEGRATOR; DISK MILL; IRON DISK MILL
дезинтегратор для волокнистых материалов	SHREDDER

ДЕЗИНТЕГРАЦИЯ

дезинтеграция	DESINTEGRATION
действие	
защитное действие	PROTECTIVE ACTION
действие системы ускорителей	MULTI-ACCELERATOR EFFECT
совместное действие ускорителей	MULTI-ACCELERATOR EFFECT
действие среза	SHEAR ACTION
стабилизирующее действие	STABILIZING EFFECT
упрочняющее действие наполнителей	FILLER REINFORCEMENT
усиливающее действие наполнителей	FILLER REINFORCEMENT
декалькомания	DECALCOMANIA
делать	
делать складки	CRIMP
делать шероховатым	SCORE
деление	
нулевое деление (шкалы)	ZERO MARK
деления	
деления шкалы	GAUGE MARKS
дельта-древесина	MOULDED IMPREGNATED WOOD
демонтаж	
демонтаж (пресс-формы)	STRIPPING
демпфер	DAMPER; SHOCK ABSORBER
демпфирование	DAMPING
деполимеризация	DEPOLYMERIZATION
деполимеризовать	DEPOLYMERIZE
дерево	
пропитанное дерево	BEHAVED WOOD
державка	
державка для резца	TOOL HOLDER

ДЕРЖАТЕЛЬ

держатель	CLAMP; ADAPTER
держатель вставных колец	DIE HOLDER SYSTEM (экстр.)
держатель дорна	MANDREL CARRIER
держатель инструмента	DIE BLOCK
кольцевой держатель втулки	BUSHING RETAINING RING
держатель мундштука экструзионной головки	DIE ADAPTER
держатель нагрева (часть экструзионной головки, омываемой теплоносителем)	HEATER ADAPTER
держатель сопла	NOZZLE ADAPTER (л. д.)
дериват	DERIVATIVE
деструкция	DESTRUCTION; DEGRADATION; DISRUPTION; DISRUPTURE; DISTORTION
механическая деструкция	SHEAR DEGRADATION
деструкция полимера	DESTRUCTION OF POLYMER
термическая деструкция	THERMAL DEGRADATION
десульфурация	DESULFURATION
детали	
детали разъемной матрицы	SPLIT CAVITY BLOCKS; SPLITS OF MOULD
детергент	DETERGENT
дефект	FLAW
дефект в пленке типа "апельсинная корка"	"ORANGE-PEEL"
дефект в прозрачности (согласно методу A.S.T.M.)	DEVIATION OF LINE IN SIGHT THROUGH
дефект на изделии	MARK
дефект на литом изделии (вследствие чрезмерной текучести материала)	SKID
дефект пресс-изделия	MOLDING FAULT
дефект формованного изделия	MOLDING FAULT

ДЕФЕКТОСКОП

дефектоскоп	
ультразвуковой дефектоскоп	ULTRASONIC FLAW DETECTOR
дефекты	
дефекты литья под давлением	INJECTION DEFECTS
поверхностные дефекты	SURFACE IRREGULARITIES
деформация	DEFORMATION
высокоэластическая деформация	HIGHLY ELASTIC DEFORMATION
запаздывающая упругая деформация	RETARDED ELASTIC DEFORMATION
конечная деформация	FINITE STRAIN
мгновенная гуковская деформация	INSTANTANEOUS HOOKEAN DEFORMATION
необратимая деформация	PERMANENT SET
обратимая деформация	REVERSIBLE DEFORMATION
остаточная деформация	PERMANENT DEFORMATION; SET; PERMANENT SET; PERMANENT STRAIN
остаточная деформация при сжатии	COMPRESSION SET
(остаточная) пластическая деформация	PLASTIC STRAIN
пластическая деформация	PLASTIC YIELD; PLASTIC DEFORMATION
пласто-упругая деформация	PLASTO-ELASTIC DEFORMATION
деформация под нагрузкой	DEFORMATION UNDER LOAD
поперечная деформация	TRANSVERSAL STRAIN
деформация при изгибе	FLEXURAL STRAIN
деформация при растяжении	STRETCHING STRAIN
продольная деформация	LONGITUDINAL STRAIN
деформация сдвига	SHEAR STRAIN
средняя деформация	MEAN NORMAL STRAIN
термическая деформация	THERMAL DEFORMATION
упругая деформация	ELASTIC DEFORMATION; COMPLIANCE; ELASTIC STRAIN; TEMPORARY SET

ДЕФОРМАЦИЯ

усадочная деформация	SHRINKAGE STRAIN
деформированный	STRAINED
деформироваться	WARP
дефростер	
дефростер (установка для размораживания)	DEFROSTER
ди	
ди -2-этилгексилфталат	DI(-2-ETHYLHEXYL) PHTHALATE
диактинический	DIACTINIC
диаметр	
внутренний диаметр (резьбы)	WHOLE CIRCLE
внутренний диаметр червяка	ROOT DIAMETER (экстр.)
наружный диаметр червяка	SCREW DIAMETER (экстр.)
наружный диаметр (шнека)	EXTERNAL ROOT
номинальный внутренний диаметр корпуса экструдера	EXTRUDER SIZE
диаметр решетки в свету	CLEAR OPENING OF SCREEN
диамид	
диамид адипиновой кислоты	ADIPAMIDE
диапазон	
диапазон температур тепловой сварки	HEAT SEAL RANGE
диафрагма	PIPE-LINE ORIFICE
дибутилсебацинат	DIBUTYL SEBACATE
дибутилфталат	DIBUTYL PHTHALATE
дивинил	BIVINYL; DIVINYL; BUTADIENE
дивинилацетилен	DIVINYLACETYLENE
диизодецилфталат	DIISODECYL PHTHALATE
диизоктилфталат	DIISOCTYL PHTHALATE
дилатометрия	DILATOMETRY

димер	DIMER
димеризация	DIMERIZATION
диметилфталат	DIMETHYL PHTHALATE
диоктилфталат	DIOCTIL PHTHALATE
диоктилфталат	DI(-2-ETHYLHEXYL) PHTHALATE
диск	DISK
вращающийся диск	TURNING TABLE
тормозной диск	BRAKE DISK
шлифовальный диск	GRINDING WHEEL
диспергатор	DISPERSER; DISPERSION MEDIUM
диспергирование	DISPERSING
диспергировать	DISPERSE
диспергирующий	DISPERSING
дисперсия	DISPERSION; BREAK-UP
грубая дисперсия	COARSE BREAK-UP
макромолекулярная дисперсия	MACROMOLECULAR DISPERSION
тонкая дисперсия	FINE BREAK-UP
диссоциация	DISSOCIATION
дистиллировать	DISTILL
дистиллятор	STILL
дистилляция	
вакуумная дистилляция	VACUUM STILL
молекулярная дистилляция	MOLECULAR STILL
диффузия	
термическая диффузия	THERMAL DIFFUSIVITY
дициандиамид	DICYANDIAMIDE
диэлектрик	DIELECTRIC
кремнийорганический диэлектрик	SILICON DIELECTRIC

ДИЭЛЕКТРИЧЕСКИЙ

диэлектрический	DIELECTRIC
диэтиленгликоль	DIETHYLENE GLYCOL
диэтилфталат	DIETHYL PHTHALATE
длина	
длина зоны гомогенизации	LENGTH OF METERING SECTION (экстр.)
полная длина резьбовой части червяка	FULL FLIGHTED LENGTH OF SCREW (экстр.)
разрывная длина	BREAKING LENGTH; TENACITY
длина хода при открытии пресс-формы	MOLD OPENING STROKE
длина хода при открытии формы	MOLD OPENING STROKE
длина хода смыкания полуформ	CLAMPING STROKE
длина цепи	CHAIN LENGTH
эффективная длина червяка	EFFECTIVE SCREW LENGTH (экстр.)
длительность	
длительность стендового испытания	JOINT CONDITIONING TIME
длительность эксплуатации	SERVICE LIFE
длительность эксплуатационного испытания	JOINT CONDITIONING TIME
длительный	TEDIOUS
дно	
двойное дно	FALSE BOTTOM
ложное дно	FALSE BOTTOM
добавка	ADDITIVE; ADMIXTURE
добавка к клею	ADDITIVE FOR ADHESIVE
довулканизация	AFTERVULCANIZATION
доза	
доза впрыска в $см^3$	INJECTION CAPACITY (л. д.)
доза впрыска	SHOT (л. д.)

максимальная доза впрыска	SHOT CAPACITY (л. д.)
дозатор	DOSING PLANT; DOSING MECHANISM
автоматический весовой дозатор	WEIGHING CONTROLLER
весовой дозатор	WEIGHING BATCHER
дозатор поршневого типа	PISTON-TYPE DOSING MECHANISM
дозирование	BATCHING
дозировка	BATCHING; METERING
весовая дозировка	GRAVIMETRIC BATCHING; WEIGH BATCHING; WEIGHT FEED
обьемная дозировка	VOLUMETRIC FEED; VOLUME LOADING
ручная дозировка	HAND FEEDING
точная весовая дозировка	WEIGHT-STARVED FEEDING
точная дозировка	STARVED FEEDING
экономная дозировка	STARVED FEEDING
долговечность	DURABILITY; SERVICE DURABILITY
доломит	DOLOMITE
допрессовывать	REPRESS
допуск	ALLOWANCE; TOLERANCE
допуск на...	ALLOWANCE FOR
допуск на усадку	SHRINKAGE ALLOWANCE
размерный допуск	DIMENSIONAL TOLERANCE
дорн	CORE; MANDREL
доска	BOARD
древесина	
облагороженная древесина	INDURATED WOOD; IMPROVED WOOD
прессованная древесина	COMPREGNATED WOOD; COMPRESSED WOOD; DENSIFIED WOOD
прессованная пропитанная древесина	MOLDED IMPREGNATED WOOD

ДРЕВЕСИНА

пропитанная древесина	IMPREGNATED WOOD
протравленная древесина	STAINED WOOD
уплотненная древесина	COMPREGNATED WOOD; COMPRESSED WOOD; DENSIFIED WOOD
древесный	XYLOID
дробилка	CRUSHER; GRANULATOR; CRUSHING MILL; GRINDING MILL; MILL
валковая дробилка	CRUSHING ROLLS; ROLL CRUSHER
конусная дробилка	GYRATORY CONE CRUSHER
многовалковая дробилка	MULTIROLL CRUSHER; MULTIROLL MILL
дробилка первого приема	INITIAL CRUSHER
роликовая дробилка	RING CRUSHER; ROLL MILL
дробилка с рифлеными валками	CORRUGATED ROLL CRUSHER
дробить	CRUSH; BREAK; GRIND
дробление	BREAKING; CRUSHING
крупное дробление	COARSE CRUSHING; COARSE BREAKING
мелкое дробление	FINE BREAKING
мокрое дробление	WET CRUSHING
дробление на валковой дробилке	ROLL CRUSHING; ROLL MILLING
дробленый	CRACKED
дросселирование	THROTTLING
дросселировать	THROTTLE
дросселирующий	THROTTLING
дроссель	THROTTLE
друза	DRUSE
дублирование	DOUBLING
дугостойкость	ARC RESISTANCE
дуть	BLAST

ДУТЬЕ

дутье	BLAST; AIR BLAST; BLOWING
воздушное дутье	AIR BLOW; AIR BLAST
воздушное дутье, проводимое сверху вниз	REVERSE AIR BLAST
паровоздушное дутье	WET BLAST
дымчатость	
дымчатость (физико-механическая характеристика)	HAZE
дюрометр	
дюрометр (прибор для измерения твердости)	DUROMETER
единица	
бифункциональная структурная единица	BIFUNCTIONAL STRUCTURAL UNIT
Британская единица тепла	BRITISH THERMAL UNIT
Британская единица холода	BRITISH UNIT OF REFRIGERATION
полифункциональная структурная единица	POLYFUNCTIONAL STRUCTURE UNIT
структурная единица	STRUCTURAL UNIT
емкость	TANK; CAPACITY
адсорбционная емкость	ADSORPTIVE CAPACITY
емкость бункера	HOPPER CAPACITY
жаропрочность	
жаропрочность в условиях сверхвысоких температур (развиваемых, напр. при вхождении ракеты в плотные слои атмосферы)	HYPERTHERMAL ENVIRONMENTAL RESISTANCE
жаростойкость	
жаростойкость по Шраму	SCHRAMM HEAT RESISTANCE
желатинизация	GELATINIZATION
желатинирование	GELATINIZATION; GELATION; GELLING ACTION
желатинированный	GELLED

ЖЕЛАТИНИРОВАТЬ

желатинировать	GEL; GELATINATE; GELATINIZE
желатинирующий	AGGLOMERATING
желоб	CHAMFER; TEMPLET; TROUGH
загрузочный желоб	FEED SPOUT
питательный желоб	FEED CHUTE
желоб с водой	WATER TROUGH
желобок	KERF
жернова	ATTRITION MILL
жесткий	RIGID
жесткость	RIGIDITY; HARDNESS; STIFFNESS
жесткость воды	HARDNESS OF WATER
жесткость при изгибе	STIFFNESS IN FLEXURE
жидкий	FLUID; THINLY FLUID
жидкости	
жидкости для определения удельного веса (минеральных порошков)	DENSITY FLUIDS
жидкость	FLUID
абсорбирующая жидкость	ABSORPTION LIQUID
втекаемая жидкость	INFLUENT
вязкая жидкость	VISCOUS FLUID
невязкая жидкость	FRICTIONLESS FLUID
неньютоновская жидкость	NON-NEWTONIAN LIQUID
поглотительная жидкость	ABSORPTION LIQUID
рабочая жидкость (в гидравлической системе)	HYDRAULIC MEDIUM
жидкотекучесть	FLUIDITY
жидкотекучий	THINLY FLUID
жизнеспособность	
жизнеспособность (клея)	SPREADABLE LIFE; WORKING LIFE

жирный	
жирный уголь	BITUMINOUS COAL
жировка	STUFFING
жиронепроницаемый	GREASEPROOF
забивание	
забивание сита	BLINDING OF SCREEN
завальцовка	BEADING
завинчивать	SCREW
зависание	SCAFFOLDING; HANGING-UP
зависание (в бункерном питателе)	BRIDGING
зависание материала	BIN HANGING-UP
зависающий	SCAFFOLDING
зависимость	
зависимость напряжение-деформация	STRESS-STRAIN RELATIONS
заглушка	
резьбовая заглушка	SCREW PLUG; THREAD PLUG
заготовка	PARISON; TABLET; BISCUIT
вальцованная заготовка (закладываемая в цилиндр поршневой экструзионной машины)	BILLET
(листовая) заготовка	BLANK
нарезанная заготовка пропитанных листов	MOLDING BLANK
заготовки	
стержневые заготовки	ROD STOCK
загружать	
загружать в бункер	BIN
загрузка	CHARGE; REPLENISHMENT; LOAD; LOADING
периодическая загрузка	BATCH OPERATION

ЗАГРУЗКА

загрузка сверху	TOP FILLING
загрузка смеси	CHARGING OF MIX
загрязнение	CONTAMINATION
загрязняемость	DIRT ADHERENCE
загуститель	THICKENING AGENT; THICKENER
загущать	THICKEN; BODY; DENSIFY
задвижка	SLIDE VALVE; SLUICE VALVE; VALVE; GATE VALVE
задвижка (фиксирующая тигель литьевой пресс-формы)	CLEVIS PLATE
заделка	EMBEDDING
заделка мешков (для форм)	BAG SEALING
заделывать	EMBED
задерживать	BLOCK
задержка	
задержка замыкания пресс-формы	DWELL
заедание	
заедание пресс-формы	SEIZING OF MOLD
заедание формы	SEIZING OF MOLD
зажим	CLAMP; CLAMPING
зажим опытного образца	CLAMPING OF TEST SPECIMEN
зажимы	
зажимы растяжной машины	DIVERGENT SLOTS
зазор	CLEARANCE
зазор вальцов	MILL ROLL OPENING; NIP
воздушный зазор	AIR GAP
диаметральный зазор червяка	DIAMETRAL SCREW CLEARANCE (экстр.)
заполняющий зазор	GAP FILLING

ЗАЗОР

кольцевой зазор	ANNULAR SPACE
зазор между валками	NIP; MILL ROLL OPENING
зазор между пуансоном и матрицей	SPEW RELIEF
зазор между шнеком и цилиндром	RADIAL CLEARANCE (экстр.)
рабочий зазор	WORKING CLEARANCE
радиальный зазор	RADIAL CLEARANCE (экстр.)
радиальный зазор червячного пресса	RADIAL SCREW CLEARANCE (экстр.)
закаливать	CHILL; QUENCH
закалка	QUENCHING; CHILLING
закалка в воде	WATER QUENCH
поверхностная закалка	CASE HARDENING
закатка	WINDING-UP; WRAPPING
закатывание	WRAPPING
закладка	
единовременная закладка	BATCH
заклинивание	LOCKING-IN EFFECT
заключать	
заключать в оболочку	SHEATHE
закрепление	FASTENING
закрепление в патроне	CHUCK
закругление	
закругление верха зуба	TOP RADIUS
закупоривание	SLUGGING
закупоривать	
закупоривать (при литье под давлением)	TO PLUG UP
закупорка	CHOKING
заливать	EMBED

ЗАЛИВКА

заливка	EMBEDDING
недостаточная заливка	SHORT SHOT
заливка сверху	TOP FILLING
замазка	CEMENT; BONDING CEMENT
вакуумная замазка	VACUUM CEMENT
кислотоупорная замазка	ACID-PROOF CEMENT
фенольная замазка	PHENOLIC CEMENT
цоколевочная замазка	LAMP CAPPING CEMENT
замасливатель	SIZING AGENT
замасливатель текстильного типа	TEXTILE SIZE
замедление	
замедление смыкания пресс-формы	INCHING
замедлитель	INHIBITOR; RETARDER
замедлитель вулканизации	ANTI-SCORCH(ING)
замедлитель горения	FLAME-RETARDANT
замедлитель полимеризации	POLYMERIZATION RETARDER
заменитель	
заменитель кожи	LEATHER SUBSTITUTE
замерзание	CONGELATION
замерзать	CONGEAL
замещение	
замещение в цепи	CHAIN SUBSTITUTION
замораживание	CHILLING; CONGELATION; FREEZING
замораживать	FREEZE; CHILL; CONGEAL
замыкание	SEALING
замыкание пресса под действием собственного веса	GRAVITY CLOSING
замыкание (пресс-формы)	CLOSING

ЗАМЫКАНИЕ

замыкание пресс-формы	MOLD CLOSURE; MOLD CLAMPING
замыкание формы	MOLD CLAMPING; MOLD CLOSURE
замыкать	
замыкать (пресс-форму)	CLOSE
заостренный	TAPERED
заострять	
заострять к концу	TAPER
запас	
запас прочности	FACTOR OF SAFETY
запаха	
без запаха	ODORLESS
заплечики	
заплечики в резьбовой арматуре (предупреждающие затекание пластмассы в резьбу)	SEALING RING
заполнение	
рыхлое заполнение	BATTING
заполнитель	
мелкий заполнитель	FINE AGGREGATE
запор	
рычажный запор	TOGGLE-TYPE LOCK
запор сопла	SHUT-OFF NOZZLE
заправка	
единовременная заправка	BATCH
запрессовывание	PRESSING IN
зарубка	SCORE
заряд	
электростатический заряд	STATIC CHARGE
заслонка	
дроссельная заслонка	BUTTERFLY VALVE

ЗАСОРЕНИЕ

засорение	CHOKING; CLOG
засорять	
засорять (ся)	CLOG
застудневание	GELLING ACTION; GELATION
застудневать	GEL; GELATINATE; GELATINIZE
застудневший	GELLED
застывание	CONGELATION
застывать	CONGEAL
засыпка	
засыпка сверху	TOP FILLING
затвердевание	CONSOLIDATION; SOLIDIFICATION
затвердевать	SETTLE
затвор	CAP CLOSURE
затемнение	
затемнение (вид дефекта)	BLACK-OUT
затемнять	SHADE
затухание	DAMPING
затыкать	PLUG
затычка	PLUG
затяжной	TEDIOUS
заусенец	SPEW; SPUE; BURR; FLASH; FIN
захват	
захват вальцов	NIP
захваты	
захваты (в машине при испытании на растяжение)	TENSION GRIPS
зачистка	TRIMMING
зачищать	
зачищать (заусенцы)	TRIM

ЗАЩИТНОЕ

защитное	BARRIER CREAM
звенья	
звенья полимера	REPEATING UNITS
звукоизолячия	SOUND INSULATION
зернение	GRANULATION
зернистый	GRANULAR; GRAINED
зерно	GRAIN
крупное зерно	COARSE GRAIN
зикмашина	BEADING MACHINE
змеевик	
греющий змеевик	HEATING COIL
охлаждающий змеевик	COOLING COIL
знак	
боковой знак	SIDE CORE (пресс.)
значение	
задаваемое значение	SET VALUE
заранее обусловленное значение	PREDETERMINED VALUE
устанавливаемое значение	SET VALUE
золотник	
расширительный золотник	EXPANSION VALVE
золочение	GOLD PLATING
золь	SOL
зона	
зона гомогенизачии	METERING SECTION (экстр.); METERING ZONE (экстр.)
зона горячей обработки	HEAT-TREATMENT ZONE
зона замера температуры корпуса	BARREL ZONE TEMPERATURE (экстр.)
нагреваемая зона корпуса	BARREL HEATING ZONE (экстр.)

ЗОНА

зона обогрева	ZONE HEATING
переходная зона червяка (между зоной питания и зоной гомогенизации)	TRANSITION SECTION OF SCREW (экстр.)
зона питания	FEED SECTION OF SCREW (экстр.); FEED ZONE (экстр.)
питающая зона червячного пресса	FEED SECTION OF SCREW (экстр.)
зона плавления	FLUXING ZONE (экстр.)
зона повышенного сопротивления (червячного пресса)	RESTRICTION SECTION
зона размягчения	SOFTENING RANGE; SOFTENING REGION
зона сжатия	TRANSITION SECTION OF SCREW (экстр.); COMPRESSION SECTION; COMPRESSION ZONE (экстр.)
зона сжатия (в червячном прессе)	ZONE COMPRESSION
зона сжатия червяка с увеличивающимся внутренним диаметром резьбы	CONICAL TAPERED SECTION (экстр.); CONICAL TRANSITION SECTION (экстр.)
зона стеклования	GLASS TRANSITION TEMPERATURE RANGE
устойчивая кристаллическая зона	RESISTANT CRYSTALLINE REGION
зоны	
зоны червячного пресса	SCREW ZONES (экстр.)
зуб	TOOTH
зубец	TOOTH
известковый	LIME
известняк	LIMESTONE
известь	
белильная известь	CHLORIDE OF LIME BLEACHING
жженая известь	LIME
негашеная известь	QUICK LIME
хлорная известь	CHLORINATED LIME

ИЗВЛЕКАТЬ

извлекать

извлекать (изделие из пресс-формы)	EJECT

извлечение

извлечение (изделия из пресс-формы)	EJECTION
изгиб	FLEXURE
изгиб в охлажденном состоянии	COLD BENDING
изгибание	FLEXURE

изготовитель

изготовитель пресс-формы	MOLDMAKER
изготовитель формы	MOULDMAKER

изготовление

изготовление изделий методом формования при низком давлении внахлестку	LAP-PLY METHOD
непрерывное изготовление слоистых материалов	CONTINUOUS LAMINATING
изготовление образцов	TEST RUN
изготовление пленки методом полива на охлаждающий барабан	CHILL-ROLL CASTING OF FILM
изготовление профильных изделий на каландрах	PROFILING
изготовление профильных изделий на червячных прессах	PROFILING
изготовление слоистого пластика с применением растворителя	SOLVENT LAMINATING
изготовление слоистых пластиков под вакуумом в мешке	VACUUM BAG LAMINATING
изготовление таблеток	TABLETTING
изготовление таблеток (из экструдируемого профиля)	PELLETIZING

изготовлять

изготовлять слоистый материал	LAMINATE

ИЗДЕЛИЕ

изделие	
выдувное изделие	BLOWN PIECE; BLOWN ARTICLE
изделие из пропитанной бумажной массы	PULP MOLDING
литое изделие	MOLDING; MOLDED PIECE; MOLDED PART; MOLDED ARTICLE; CASTING
намотанное профильное изделие	ROLLED AND MOULDED LAMINATED SECTION
отпрессованное изделие вместе с заусенцами	BISCUIT
изделие полученное выдавливанием	CHASING
пористое изделие	CELLULAR BODY
прессованное изделие	MOLDED PART
толстостенное изделие	HEAVY SECTION
тонкостенное изделие	THIN SECTION; THIN-WALLED ARTICLE
фасонное изделие	SHAPED CASTING; FABRICATED SHAPE
формованное изделие	MOLDED ARTICLE; MOLDED PART; MOLDED PIECE
экструдируемое изделие	EXTRUDED ARTICLE
изделия	
бесшовные изделия	DIPPED ARTICLES; SEAMLESS ARTICLES
маканые изделия	DIPPED ARTICLES; SEAMLESS ARTICLES
изделия массового производства	BULK ARTICLES
мраморовидные изделия	MARBLED PRODUCTS
окрашенные под мрамор изделия	MARBLED PRODUCTS
профилированные изделия	SHAPED GOODS
излом	BREAK; RUPTURE
излом наступает при...	FAILURE OCCURS AT...
хрупкий излом	BRITTLE FRACTURE

ИЗЛУЧАТЬ

излучать	RADIATE
излучение	RADIATION
ультрафиолетовое излучение	ULTRAVIOLET RADIATION
измельчать	GRIND
измельчать в порошок	POWDER
измельчение	SIZE REDUCTION; GRINDING; CRUSHING
измельчение бумажного брака	SHREDDING
измельчение волокнистых материалов	SHREDDING
повторное измельчение	REGRINDING
тонкое измельчение	PULVERIZING
измельчитель	PULPING MACHINE
изменение	
изменение окраски	DECOLORATION; DECOLORIZATION
изменение размеров	DIMENSIONAL CHANGE
изменение цвета	DISCOLORATION
изменять	
изменять окраску	DECOLOR
изменяться	
не изменяться	TO BE UNAFFECTED
измерение	METERING
измеритель	
измеритель уровня масла	OIL GAUGE
измерять	GAUGE
изнашиваемость	WEARABILITY
удельная изнашиваемость	SPECIFIC WEARABILITY
изнашивание	WEAR; WEAR-AND-TEAR
изнашивание от трения	ATTRITION

ИЗНАШИВАТЬСЯ

изнашиваться	WEAR
износ	WEAR; WEAR-AND-TEAR
абразивный износ	ABRASION WEAR
естественный износ	NATURAL WEAR
износ при истирании	ABRASION WEAR
износ рабочей поверхности пресс-формы	MOLDING ABRASION
равномерный износ	EVEN WEAR
эксплуатационный износ	SERVICE WEAR
износостойкий	WEAR-PROOF
износостойкий	WEARPROOF
износостойкость	WEAR; WEAR RESISTANCE
изношенный	WORN-OUT
изображение	
нормализованное графическое изображение (трубной) резьбы	THREAD REPRESENTATION
схематическое изображение	DIAGRAMMATICAL VIEW
изобутилен	ISOBUTYLENE
изолятор	INSULATOR
изоляция	INSULATION
воздушная изоляция	AIR INSULATION
губчатая изоляция	ABSORBER INSULATION
изоляция кабеля	WIRE COVERING
поглощающая изоляция	ABSORBER INSULATION
изоляция провода	WIRE COVERING
тепловая изоляция	HEAT INSULATION; THERMAL INSULATION
тонкостенная изоляция	THIN-WALLED INSULATION
электрическая изоляция	ELECTRIC(AL) INSULATION
изомер	ISOMER

изопрен	ISOPRENE
изотопы	
радиоактивные изотопы	RADIOISOTOPES
изразец	TILE
имеющий	
не имеющий утечек	VACUUM TIGHT
имитировать	SIMULATE
ингибитор	RETARDER; INHIBITOR; SHORT STOPPING AGENT; STOPPING AGENT
ингредиент	INGREDIENT
невыцветающий ингредиент	NONBLOOMING INGREDIENT
индекс	
индекс потерь	LOSS INDEX
индекс расплава	FLOW MELT INDEX
индекс текучести	FLOW MELT INDEX
индентор	PENETRATOR
индикатор	COUNTER
инжектировать	INJECT
инжекция	INJECTION
инициатор	INITIATOR; INITIATING
инициатор образования активных центров	NUCLEATOR
инициатор полимеризации	POLYMERIZATION INITIATOR
инициирование	INITIATION
инициирование при помощи перекисей	PEROXIDE CATALYSIS
инконгруэнтность	INCONGRUENCE; INCONGRUITY
инконгруэнтный	INCONGRUENT; INCONGRUOUS
инструмент	DIE
инструмент для формования	MOLDING TOOL; FORMING TOOL

ИНСТРУМЕНТ	
зажимный инструмент	CLAMPING TOOL
режущий инструмент	CUTTING TOOL; CUTTER
инструментодержатель	TOOL HOLDER
интервал	
температурный интервал стеклования	GLASS TRANSITION TEMPERATURE RANGE
температурный интервал текучести	FLOW-TEMPERATURE RANGE
интерферометрия	INTERFEROMETRY
инфракрасный	INFRARED
искажение	
оптическое искажение	OPTICAL DISTORTION
искажение (формы)	DISTORTION
искривление	DISTORTION
остаточное искривление	RESIDUAL CURVATURE
искривлять	
искривлять (ся)	DISTORT
испарение	VAPORIZATION
испарение раскаленной проволоки (при вакуумной металлизачии)	FLASHING
испарять(ся)	VAPORIZE
испещрять	SPECK
использование	
использование в атмосферных условиях	OUTDOOR USE
повторное использование	REUSE
использовать	
повторно использовать	REUSE
испытание	TEST; TESTING; CHECKING
испытание аблятивных свойств армированных пластмасс	ABLATION TEST OF REINFORCED PLASTICS

ИСПЫТАНИЕ

испытание атмосферостойкости	WEATHERING
испытание в тропических условиях	TROPICALIZATION TEST
испытание гибкости при низких температурах	COLD BEND TEST
испытание горячей пенетрацией	HOT PENETRATION TEST
испытание морозостойкости	COLD BEND TEST
испытание на выносливость	ENDURANCE TEST
испытание на горючесть	BURNING TEST
испытание на двухосный изгиб	BIAXIAL FLEXURAL TEST
испытание на длительную деформацию	LONG DURATION TEST; PROTRACTED TEST
испытание на жесткость по Олсену	OLSEN STIFFNESS TEST
испытание на изгиб	BEND TEST
испытание на изгиб при переменном напряжении	ALTERNATING BENDING TEST
испытание на истирание	ABRASION TESTING
испытание на кручение	TWISTING TEST
испытание на многократную деформацию	PROTRACTED TEST
испытание на огнестойкость	FIRE TEST
испытание на погодостойкость	WEATHERING TEST
испытание на ползучесть	CREEP TEST
испытание на прогиб	DEFLECTION TEST
испытание на прочность падающим шаром	BALL TEST
испытание на раздавливание	CRUSHING TEST
испытание на раздир по Элмендорфу	ELMENDORF TEAR TEST
испытание на разрыв	TENSILE STRENGTH TEST
испытание на растяжение	TENSILE STRENGTH TEST; TENSION TESTING
испытание на скручивание	TWISTING TEST
испытание на старение	AGEING TEST

ИСПЫТАНИЕ

испытание на стойкость к образованию трещин при вибрации	CYCLIC RACKING TEST
испытание на твердость вдавливанием шарика	BALL TEST
испытание на тепловое старение	OVEN TEST; THERMAL AGEING TEST
испытание на термический удар	THERMAL SHOCK TEST
испытание на термический шок	THERMAL SHOCK TEST
испытание на тропикостойкость	TROPICALIZATION TEST
испытание на удар методом падающего шарика	FALLING BALL IMPACT TEST
испытание на ударную вязкость	IMPACT TEST
испытание на ударную вязкость бруска с надрезом	NOTCH-BAR IMPACT TEST
испытание на ударную вязкость (падающим шаром)	DROP TEST
испытание на ускоренное световое старение	ACCELERATED LIGHT AGEING TEST
испытание на ускоренное старение	THERMAL AGEING TEST
испытание на усталостную прочность при ударной нагрузке	IMPACT FATIGUE TEST
испытание на усталость	PROTRACTED TEST; ENDURANCE TEST; FATIGUE TEST
испытание на усталость при изгибе	ALTERNATING BENDING TEST
испытание образца	SPECIMEN TEST
испытание падающим грузом	FALLING WEIGHT TEST
испытание пленок на ударную вязкость методом падающего ударника	DROPPING DART TEST
испытание пленок на ударную вязкость методом падающего мешка с песком	DROPPING SANDBAG TEST
испытание под действием мгновенной нагрузки	SHORT TIME TEST
практическое испытание	TRIAL
испытание при нагреве	OVEN TEST

испытание сгибанием на 180°	DOUBLING-OVER TEST
испытание слоистой плиты давлением на торец	EDGEWISE COMPRESSION
стандартное испытание	STANDARD TEST
ступенчатое испытание	STEP-BY-STEP TEST
испытание текучести методом "стандартного стакана"	CUP FLOW TEST
испытание текучести "по стаканчику"	TEST CUP
испытание теплостойкости по Мартенсу	MARTENS TEST
ударное испытание	FALLING WEIGHT TEST
испытание ударной вязкости при изгибе	FLEXURAL IMPACT TEST
испытание ударной вязкости при растяжении	TENSILE IMPACT TEST
ускоренное испытание	ACCELERATED TEST
ускоренное испытание на атмосферостойкость	ACCELERATED WEATHERING TEST
ускоренное испытание на погодоустойчивость	ACCELERATED WEATHERING TEST
ускоренное испытание на погодостойкость	ACCELERATED WEATHERING
эксплуатационное испытание	PERFORMANCE TEST; SERVICE TEST
испытывать	TEST
исследование	TEST; TESTING
исследовать	TEST
истирание	WEAR; DETRITION; ABRADING; ABRASION; ATTRITION
поверхностное истирание	SURFACE ABRASION
истирать	ABRADE
истираться	WEAR
истирающий	ABRASIVE
кабель	
кабель в оболочке	SHEATHED CABLE

КАБЕЛЬ

кабель с пластмассовой изоляцией	PLASTIC INSULATED CABLE
кабель с плетеной оболочкой	WRAPPED CABLE
экранированный кабель	SHIELDED CABLE
кабина	
душевая кабина	SHOWER STALL
каверна	CAVERN
кадмий	CADMIUM
казеин	CASEIN
сычужный казеин	RENNET CASEIN
кайма	RAND
каландр	CALENDER
гофрировальный каландр	EMBOSSING CALENDER; GAUFFER CALENDER
гравировальный каландр	EMBOSSING CALENDER; PROFILING CALENDER
каландр для картона	PLATE CALENDER
каландр для покрытия (напр. ткани)	CALENDER COATER
листовальный каландр	NETT CALENDER; SHEETING CALENDER; SKIM COAT CALENDER
листовой каландр	PLATE CALENDER
обкладочный каландр	NETT CALENDER
охлаждающий каландр	COOLING CALENDER
пленочный каландр	SHEETING CALENDER
промазочный каландр	SPREADER CALENDER
профильный каландр	PROFILING CALENDER
каландр с гравировальными валками	STAMPING CALENDER
фрикционный каландр	SPREADER CALENDER
четырехвалковый каландр	FOUR ROLL CALENDER
четырехвалковый пленочный каландр	FOUR ROLL SHEETING CALENDER

каландрирование	CALENDERING
каландрировать	CALENDER
каландрование	CALENDER RUN
каландры	
спаренные каландры	CALENDER TRAIN
строенные каландры	CALENDER TRAIN
калибр	TEMPLET; CALIBER; GAUGE
калибровать	GAUGE; CALIBRATE
калибровка	CALIBRATION; LOAD VERIFICATION
калибромер	CALIBER
калорифер	RADIATOR
калькировать	TRACE
кальциевый	LIME
кальций	CALCIUM
кальцийцианамид	NITROLIM
кальцинирование	CALCINATION
камедь	GUM
аравийская камедь	ARABIC GUM
сенегальская камедь	ARABIC GUM
камера	CHAMBER
абсорбционная камера	ABSORPTION CELL
абсорбционная камера с древесноугольным заполнением	ABSORPTION CELL WITH CHARCOAL FILLING
вакуумная камера	VACUUM CHAMBER
воздушная камера	AIR CHAMBER
загрузочная камера	TRANSFER CHAMBER (пресс.)
загрузочная камера	CHARGE CAVITY
загрузочная камера	LOADING CAVITY (пресс.)

КАМЕРА

загрузочная камера	POT; TRANSFER POT
загрузочная камера	SEPARATE POT (л. пресс.); LOADING WELL (пресс.)
загрузочная камера пресс-формы	LOADING CHAMBER
материальная камера	DIE RESERVOIR (экстр.)
нагнетательная камера	PLENUM CHAMBER
нагревательная камера	HEATING CHAMBER (л. м.)
полимеризачионная камера	POLYMERIZATION FURNACE
разгрузочная камера	DISCHARGE CHUTE
сушильная камера	DRYING CHAMBER; DESICCATOR CABINET; DRYING OVEN; DRYING PLANT; DRYING VAULT

канавка

канавка в пресс-форме для вытекания избытка пресс-массы	FLASH CHAMBER
канавка для выхода воздуха	VENT OF MOLD
канавка (пресс-формы или формы)	GROOVE SPEW

канавки

канавки для вытекания пресс-массы	OVERFLOW GROOVES; SPRUE GROOVES; FLASH GROOVES
канавки (для устранения вакуума при сьемке отливки)	VENT GROOVES

канал

водяной канал (в пресс-форме)	WATERLINE
водяной канал (пресс-формы)	WATERWAY
водяной канал (обогревательный)	WATER CHANNEL (пресс.)
воздушный канал (для выхода газов и паров из пресс-формы)	VENT
выводной канал	SPEW WAY
горячий литниковый канал	HOT RUNNER CHAMBER
канал для охлаждаюшей воды	WATER COOLING GROOVE

КАНАЛ

нагревательный канал	HEAT TUNNEL (л. м.)
нагревательный канал (пресс-формы)	STEAM CHANNEL
оформляющий канал	DIE APPROACH
оформляющий канал мундштука	DIE LAND; ORIFICE LAND
охлаждающий канал	COOLING CHANNEL
паровой канал	STEAM WAY (пресс.)
паровой канал (пресс-формы)	STEAM CHANNEL
подводящий канал	DIE RING (экстр.)
подводящий канал в экструзионной головке	DIE CHANNEL; APPROACH
рабочий канал экструдера	SCREW CHANNEL
канал червяка	SCREW CORE (экстр.)
каналы	
каналы для выхода воздуха	AIR GROOVES
каналы для передавливания	OVERFLOW PORTS
смоляные каналы (в дереве, расположенные параллельно волокнам)	CHECK (PL.)
канифоль	COLOPHONY; ROSIN
кант	
выпрессованный кант	MOLDED-IN EDGE
кантовка	
кантовка листов	BAR CREASING
каолин	CHINA CLAY; KAOLIN
каолинит	KAOLINITE
каплеобразование	
каплеобразование на литых изделиях (вид дефекта)	TEAR DROPS
капля	TEAR
капролактам	CAPROLACTAM

КАПРОНИТРИЛ

капронитрил	CAPRONITRILE
карандаш	
фарфоровый карандаш	CHINA MARKING PENCIL
карбазол	CARBAZOLE
карбамид	CARBAMIDE
карбид	CARBIDE
карбид кальция	CALCIUM CARBIDE
карбид кремния	SILICON CARBIDE
карбинол	CARBINOL
карбоксиметилцеллюлоза	CARBOXYMETYL CELLULOSE
карболка	
черная карболка	CRUDE CARBOLIC ACID
карбонат	CARBONATE
карбонат натрия	SODIUM CARBONATE
карбонат свинца	LEAD CARBONATE
карборунд	SILICON CARBIDE
каретка	CARRIAGE
каретка литьевой головки	INJECTION CYLINDER CARRIAGE
каретки	
направляющие каретки	CARRIAGE GUIDEWAYS
картон	BOARD
волнистый картон	CORRUGATED BOARD
гофрированный картон	CORRUGATED BOARD
клееный картон	PASTE BOARD
комбинированный строительный картон	COMPOSITE BUILDING BOARD
многослойный картон	COUCH BOARD; PASTE BOARD
пропитанный картон для армирования пресс-изделий	MOLDING BOARD; MOLDING BLANK

КАРТОН

пропитанный смолой картон	RESIN BOARD
строительный картон	BUILDING BOARD
кассета	
кассета пресс-формы	DUPLICATE CAVITY PLATE (ам.)
кассета-матрица	REMOVABLE PLATE MOLD
кассета-пуансон	REMOVABLE PLUNGER MOLD
катализ	CATALYSIS
катализатор	CATALYST; ACCELERANT; ACCELERATOR
кислотный катализатор	ACID CATALYST
катализатор полимеризации	POLYMERIZATION CATALYST
смешанный катализатор	MIXED CATALYST
совместный катализатор	COCATALYST
катализировать	CATALYZE
каталитический	CATALYTIC
катать	TUMBLE
каток	ROLLER
катушка	COIL; COIL FORM
каустик	CAUSTIC
каучук	RUBBER; GUM
хлорированный каучук	CHLORINATED RUBBER
качества	
высокого качества	FINE
каширование	
каширование экструдируемой пленкой	EXTRUSION LAMINATING
квасцы	ALUM
кветч-рант	RIDGE
кинопленка	MOTION PICTURE FILM

КИПА

кипа	BALE
кипеть	BOIL
кипятильник	STILL
погружаемый кипятильник	IMMERSION HEATER
кипятить	BOIL
кислород	OXYGEN
кислота	ACID
абиетиновая кислота	ABIETIC ACID
адипиновая кислота	ADIPIC ACID
азелаиновая кислота	AZELAIC ACID
азотная кислота	NITRIC ACID
акриловая кислота	ACRYLIC ACID
аминокапроновая кислота	AMINOCAPROIC ACID
ацетомасляная кислота	ACETOBUTYRIC ACID
бензойная кислота	BENZOIC ACID
двуосновная карбоновая кислота	DICARBOXILIC ACID
двуосновная кислота	DIBASIC ACID
дымящаяся азотная кислота	FUMING NITRIC ACID
жидкая карболовая кислота	LIQUEFIED CARBOLIC ACID; LIQUEFIED PHENOL
капроновая кислота	CAPROIC ACID
карболовая кислота	CARBOLIC ACID
карбоновая кислота	CARBOXYLIC ACID
крезиловая кислота	CRESYLIC ACID
кремнефтористоводородная кислота	FLUOSILICIC ACID
ледяная уксусная кислота	GLACIAL ACETIC ACID
лимонная кислота	CITRIC ACID
линолевая кислота	LINOLEIC ACID

КИСЛОТА

малеиновая кислота	MALEIC ACID
масляная кислота	BUTYRIC ACID
метакриловая кислота	METHACRYLIC ACID
α-метилакриловая кислота	METHACRYLIC ACID
молочная кислота	LACTIC ACID
муравьиная кислота	FORMIC ACID
надбензойная кислота	PERBENZOIC ACID
надуксусная кислота	PERACETIC ACID
олеиновая кислота	OLEIC ACID
разбавленная кислота	DILUTE ACID
салициловая кислота	SALICYLIC ACID
себациновая кислота	SEBACIC ACID
соляная кислота	HYDROCHLORIC ACID
стеариновая кислота	STEARIC ACID
техническая стеариновая кислота	STEARINE
уксусная кислота	ACETIC ACID
фталевая кислота	PHTHALIC ACID
фтористоводородная кислота	HYDROFLUORIC ACID
фумаровая кислота	FUMARIC ACID
фуранкарбоновая кислота	FURANCARBOXYLIC ACID; FUROIC ACID
хлоруксусная кислота	CHLORACETIC ACID
цианистоводородная кислота	HYDROCYANIC ACID
циануровая кислота	CYANURIC ACID
этилкремневая кислота	ETHYL-SILICONIC ACID
янтарная кислота	SUCCINIC ACID
кислотность	ACIDITY
остаточная кислотность	RESIDUAL ACIDITY

кислотный	ACID
кислотопрочность	ACID RESISTANCE
кислотостойкий	ACID RESISTANT; ACID-RESISTING
кислотостойкость	ACID FASTNESS; ACID RESISTANCE
кислотоупорность	ACID FASTNESS
кислоты	
жирные кислоты	FATTY ACIDS
кислый	ACID
клапан	VALVE
автоматический клапан	DIRECT-ACTING VALVE
автоматический клапан с соленоидным приводом	SOLENOID VALVE
автоматически регулируемый клапан с пневматическим управлением	AIR PILOT VALVE; AIR RELIEF VALVE
включающий клапан	PILOT VALVE
воздушный клапан	AIR SHUT-OFF VALVE
воздушный предохранительный клапан	AIR RELEASE VALVE
впускной клапан	INLET VALVE
всасывающий клапан	SUCTION VALVE
дистанционный клапан регулировки давления впрыска	INJECTION PRESSURE REMOTE CONTROL VALVE
клапан для выпуска воздуха	AIR SHUT-OFF VALVE
клапан для регулировки вакуума	VACUUM BREAKER
клапан для спуска давления	RELEASE VALVE
дроссельный клапан	THROTTLE VALVE; BUTTERFLY VALVE; THROTTLE
игольчатый клапан	NEEDLE VALVE
нагнетательный клапан	DELIVERY VALVE
обратный клапан	BACK-PRESSURE VALVE; CHECK VALVE; VACUUM BREAKER

КЛАПАН

переключающий клапан	PILOT VALVE
предохранительный клапан	SAFETY VALVE
продувной клапан	BLOW-OFF VALVE
разгрузочный клапан	UNLOADING VALVE
регулирующий клапан	REGULATING VALVE
клапан сопла	NOZZLE VALVE
стопорный клапан	CHECK VALVE
угловой клапан	ANGLE VALVE
шаровой клапан	GLOBE VALVE
классификатор	SIZER
механический классификатор для ситового анализа	MECHANICAL SHAKER
классификация	SIZING
классификация рассевом	SCREEN SIZING
классифицированный	SIZED
класть	
класть слоями	STRATIFY
клеевой	GLUTINOUS
клеемешалка	KNEADER; KNEADING MACHINE; BLENDING MACHINE
клеить	GLUE
клей	GLUE; ADHESIVE; CEMENT; BONDING CEMENT; DAUB
вспененный клей	FOAMED GLUE
клей горячего отверждения	HOT-SETTING ADHESIVE
клей для контактного формования	CONTACT ADHESIVE
клей для макания	DIPPING SOLUTION
клей для сборки	ASSEMBLY ADHESIVE; ASSEMBLY GLUE
клей для соединения	ASSEMBLY GLUE; ASSEMBLY ADHESIVE

КЛЕЙ

клей для стыков	EDGE JOINING ADHESIVE
клей для фанерного шпона	VENEER GLUE
жидкий клей	LIQUID ADHESIVE
клей заполняющий зазор	GAP FILLING ADHESIVE
комбинированный клей	MIXED ADHESIVE
конструкционный клей	STRUCTURAL ADHESIVE
контактный клей	CONTACT ADHESIVE
монтажный клей	ASSEMBLY ADHESIVE; JOINT GLUE
клей на основе синтетической смолы	RESIN GLUE; RESIN-BASED ADHESIVE; SYNTHETIC RESIN ADHESIVE; SYNTHETIC RESIN CEMENT
клей на основе термопластичной смолы	THERMOPLASTIC ADHESIVE
клей на основе термореактивной смолы	THERMOSETTING ADHESIVE
клей на основе фенольной смолы	PHENOLIC CEMENT
клей отверждающийся при комнатной температуре	ROOM TEMPERATURE SETTING ADHESIVE
пленочный клей	FILM ADHESIVE; GLUE FILM; FILM GLUE
порошкообразный клей	POWDER ADHESIVE
растительный клей	VEGETABLE ADHESIVE
резиновый клей	RUBBER ADHESIVE
резиновый клей для промазывания	RUBBER DOUGH
синтетический клей	SYNTHETIC RESIN ADHESIVE
клей с летучим растворителем	SOLUTION ADHESIVE
термопластичный клей	THERMOPLASTIC ADHESIVE
термореактивный клей	THERMOSETTING ADHESIVE
универсальный клей	ALL-PURPOSE ADHESIVE
фанерный клей	PLYWOOD ADHESIVE; VENEER GLUE
клей холодного отверждения	COLD-SETTING ADHESIVE

эмульсионный клей	EMULSION ADHESIVE
клейкий	ADHESIVE; GLUTINOUS; GUMMOUS; STICKY
клейкость	STICKINESS; TACK; TACKINESS; GUMMOSITY; GLUTINOUSNESS; ADHESIVENESS
сухая клейкость	DRY TACK
клеймо	STAMP
отпрессованное клеймо	MOLD MARK
клемма	TERMINAL (эл.); CLAMP
клетка	
базисная клетка кристаллической решетки	SPACE UNIT
клетчатка	CELLULOSE
клуппы	
клуппы растяжной машины	DIVERGENT SLOTS
кнопка	
упорная кнопка (ограничивающая обратный ход выталкивателя пресс-формы)	STOP BUTTON
коагулирование	COAGULATION
коагулировать	COAGULATE; CURDLE
коагулянт	COAGULANT
коагулятор	COAGULATING AGENT
коагуляция	COAGULATION
кобальт	COBALT
ковкость	DUCTILITY
ковш	SPOUT
когезия	COHESION
кожица	
кожица (на поропласте)	SKIN

кожух	BOX
кожух литьевого цилиндра	BARREL SHROUD
колебания	
колебания (в экструдере)	SURGING
колебать	SHAKE
колесо	
зубчатое колесо	TOOTHED WHEEL; GEAR
наждачное колесо	EMERY WHEEL
цепное колесо	SPROCKET GEAR
колесо червяка	WORM WHEEL
червячное колесо	WORM WHEEL
коллектор	MANIFOLD
газовый коллектор	GAS MAIN
коллектор горячих литниковых каналов	HOT MANIFOLD
коллектор для охлаждающей воды	COOLING WATER COLLECTION BOX
коллоид	COLLOID
защитный коллоид	PROTECTIVE COLLOID
коллоидальный	COLLOIDAL
коллоидный	COLLOIDAL
коллоксилин	COLLODION COTTON; NITROCOTTON
колодка	BLOCK
тормозная колодка	BRAKE BLOCK
колонка	PIN (пресс.)
возвратная колонка	PUSH-BACK PIN; RETURN PIN
вспомогательная колонка	STAND-BY COLUMNS
направляющая колонка	DOWEL; GUIDE PIN; LEADER PIN
колонка (пресса)	FRAME
угловая направляющая колонка (в приспособлениях для выталкивания боковых шпилек пресс-форм)	FINGER CAM

угловая направляющая колонка (в приспособлениях для вытаскивания боковых шпилек пресс-форм)	ANGLE-GUIDE PIN
колориметр	TINTOMETER
колпак	CAP CLOSURE
воздушный колпак	AIR CHAMBER
кольца	
кольца воздушного охлаждения	AIR COOLING RINGS
кольцо	COLLAR
бензольное кольцо	BENZENE NUCLEUS
вставное кольцо	ADAPTER RING (экстр.)
дистанционное кольцо	SPACING RING
зажимное кольцо	CLAMPING RING
запорное кольцо	LOCKING RING (пресс.)
кольцо обоймы (при холодном выдавливании деталей пресс-формы)	CHASE RING
охлаждающее кольцо	COOLING RING
охранное кольцо	GUARD RING (эл.)
резьбовое кольцо	RING FOLLOWER
уплотнительное кольцо	PACKING RING; SEAL RING
фиксирующее кольцо	RETAINER RING (экстр.)
комбинация	
комбинация ускорителей	MIXED ACCELERATORS
комбинированный	COMBINED
комкование	SLUGGING
компактный	TIGHT
компаунд	COMPOUND
компаундировать	COMPOUND
компаунды	
пастообразные компаунды	TROWELING COMPOUNDS

КОМПАУНДЫ	
эпоксидные компаунды	EPOXY TROWELING COMPOUNDS
комплект	
комплект выталкивающих шпилек	EJECTOR PIN ASSEMBLY (пресс.)
комплект единовременно отливаемых с литниками изделий	SPRAY
комплект матриц (для многогнездной пресс-формы)	GANG OF CAVITIES
композиция	COMPOSITION
композиция для экструзии	EXTRUSION COMPOUND
полимерная композиция до отверждения	SIRUP
композиция смол	RESINOUS COMPOSITION
компонент	COMPONENT; BUILDER
компонента	COMPONENT
компонента растяжения	TENSILE COMPONENT
компонента сдвига	SHEARING COMPONENT
компрессор	
поршневой компрессор	RECIPROCATING COMPRESSOR
конвейер	CONVEYOR
ленточный конвейер	BAND CONVEYOR; BELT CONVEYOR
приемный конвейер	TAKE-OFF CONVEYOR (экстр.)
конверсия	CONVERSION
конденсатор	CONDENSER
оросительный конденсатор	ATMOSPHERIC CONDENSER
конденсатор с воздушным охлаждением	ATMOSPHERIC CONDENSER
конденсация	CONDENSATION
конденсировать	CONDENSE
конец	
стыковой конец	BUTT END
конический	TAPERED

КОНСИСТЕНТНОСТЬ

консистентность	CONSISTENCY
консистенция	CONSISTENCY; BODY
консистенция краски	BODY OF PAINT
консистометр	CONSISTOMETER
консистометр Гепплера	HOEPPLER CONSISTOMETER
константа	CONSTANT
константа пружины (при испытании)	SPRING CONSTANT
константа скорости	VELOCITY CONSTANT
константа сополимеризации	COPOLYMERIZATION PARAMETER
константа течения массы в экструдере	DRAG FLOW CONSTANT
константный	CONSTANT
конструировать	DESIGN
конструктор	
конструктор пресс-форм	MOLD DESIGNER
конструкции	
сандвичевые конструкции с пенопластовым заполнением	FOAMED SANDWICH STRUCTURES
конструкция	DESIGN
правильная конструкция	GOOD FUNCTIONAL DESIGN
конструкция пресс-формы	DESIGN OF MOLD
сандвичевая конструкция	SANDWICH CONSTRUCTION; SANDWICH STRUCTURE
сотовая конструкция	HONEYCOMB
технологичная конструкция	DESIGN APPROPRIATE TO THE MATERIAL
уравновешенная конструкция древесных пластиков	BALANCED CONSTRUCTION
контейнер	CONTAINER
контролировать	CONTROL; CHECK
контроль	CONTROL

контроль готовой продукции	PRODUCTION CONTROL
контрпривод	COUNTERSHAFT
конусность	TAPER; TAPERING
обратная конусность	BACK TAPER
конусность (полости матрицы)	DRAW
конфигурация	CONFIGURATION
концентрация	CONCENTRATION
концентрация напряжений	STRESS CONCENTRATION
обьемная концентрация	VOLUME CONCENTRATION
копер	
маятниковый копер	REBOUND PENDULUM MACHINE; PENDULUM MACHINE; PENDULUM HAMMER
пневматический копер	AIR HAMMER
копия	
точная копия	REPLICA
корд	CORD; CORD FABRIC
корзина	
корзина центрифуги	SEPARATING BOWL; CENTRIFUGAL BASKET
корка	SKIN
смоляная корка	SURFACE FILM
коробить	
коробить (ся)	DISTORT
коробиться	WARP
коробка	BOX
коробка для губки	SPONGE HOLDER
коробка передач	GEAR REDUCER (экстр.)
коробка передач (экструдера)	REDUCTION GEAR

КОРОБЛЕНИЕ

коробление	DISTORTION; WARP; WARPAGE; WARPING; TWIST
коробление при нагреве	DISTORTION UNDER HEAT
симметричное сферическое коробление пластика (выпуклостью внутрь)	DOMING
симметричное сферическое коробление пластика	DISHING
корпус	
корпус вальчов	ROLLING STAND
корпус вентиля	VALVE HOUSING
корпус весов	SCALE HOUSING
корпус клапана	VALVE HOUSING
корпус мундштука	DIE BODY (экстр.); DIE BASE (экстр.)
корпус фотоаппарата	CAMERA HOUSING
коррозиестойкость	CORROSION RESISTANCE
коррозионностойкий	NONCORRODIBLE; NONCORROSIVE
коррозионноустойчивый	NONCORRODIBLE; NONCORROSIVE
коррозия	CORROSION
корунд	CORUNDUM
корыто	TROUGH
косой	BEVEL
котел	VESSEL
девулканизачионный котел	DEVULCANIZING PAN
плавильный котел	FUSION POT; MELTING VESSEL
реакчионный котел	REACTION VESSEL
котел с мешалкой	MIXING VESSEL; AGITATED KETTLE
коэффичиент	RATIO
коэффичиент безопасности	FACTOR OF SAFETY
коэффичиент вязкости	VISCOSITY FACTOR

КОЭФФИЦИЕНТ

диэлектрический коэффициент мощности	DIELECTRIC POWER FACTOR
коэффициент диэлектрических потерь	DIELECTRIC LOSS FACTOR
коэффициент жесткости К. (при растяжении)	K-TOUGHNESS FACTOR
коэффициент затухания	DISSIPATION FACTOR
коэффициент линейного расширения	COEFFICIENT OF LINEAR EXPANSION
коэффициент линейного теплового расширения	COEFFICIENT OF THERMAL LINEAR EXPANSION
коэффициент мощности	POWER FACTOR
коэффициент надежности	FACTOR OF SAFETY
коэффициент надреза	NOTCH FACTOR
коэффициент пленки	FILM COEFFICIENT
пленочный коэффициент	FILM COEFFICIENT
коэффициент Пуассона	POISSON'S RATIO
коэффициент расширения	COEFFICIENT OF EXPANSION
коэффициент рефракции	REFRACTIVE INDEX
коэффициент сжатия	COMPRESSION COEFFICIENT
коэффициент теплопроводности	COEFFICIENT OF THERMAL CONDUCTIVITY
коэффициент трения	FRICTION COEFFICIENT
коэффициент трения	DEGREE OF SHEAR (экстр.)
коэффициент уплотнения	BULK FACTOR
коэффициент упругости	RESILIENCE FACTOR
коэффициент усадки	SHRINKAGE FACTOR
коэффициент шероховатости	COEFFICIENT OF ROUGHNESS
край	EDGE; BEVEL; RAND
отжимный край	FLASH LAND (пресс.); FLASH EDGE; SHEAR EDGE (пресс.); LAND SURFACE (пресс.)
отжимный край пресс-формы	LAND OF MOLD

утолщенный край пленки	BEADING EDGE OF FILM
кран	VALVE
запорный кран	SHUT-OFF COCK; STOP COCK
питательный кран	FEED COCK
пробочный кран	PLUG COCK
продувной кран	BLOW-OFF VALVE
кран сопла	NOZZLE VALVE
спускной кран	BLOW-OFF VALVE
стопорный кран	SHUT-OFF COCK
трехходовый кран	T-COCK; THREE-WAY COCK
крапинка	SPECK
крапчатый	MOTTLED
краситель	COLORANT; DYE; DYESTUFF; COLORING AGENT
нерастворимый краситель	INSOLUBLE COLORANT
растворимый краситель	SOLUBLE COLORANT
красить	COAT; DYE; PAINT; STAIN
краска	PAINT
краска для грунта	PRIMER
оттеняющая краска	TINTING COLOR
сигнальная краска (изменяющая цвет при определенной температуре)	WARNING COLOR
краска смягчающая тон	TINTING MATERIAL
краскотерка	
многовальцовая краскотерка	MULTIROLL MILL
красноломкий	HOT-SHORT
крахмал	STARCH
декстринный крахмал	DEXTRINIZED STARCH
крахмалистый	STARCHY

КРЕЗОЛ

крезол	CRESOL
сырой крезол	CRUDE CRESOL
технический крезол	CRESYLIC ACID
крезолы	
сырые крезолы	CRUDE CRESYLIC ACIDS
крекинг	CRACKING
крем	
зашитный крем	BARRIER CREAM
кремний	SILICON
кремнийтетраметил	SILICON METHYL
кремния	
двуокись кремния	SILICONE DIOXIDE; SILICA
крепление	ANCHORAGE; FASTENING
крепление скобками	STAPLE FASTENING
крепление якорного типа (торпеды экструдера)	ROOT ANCHORAGE
крепость	STIFFNESS; TENACITY
крест	
поворотный крест (механизм для выталкивания шпилек пресс-формы)	SPIDER
крестовина	
крестовина (для крепления торпеды экструдера)	CARRIER
кривая	
кривая нагрузка-прогиб	LOAD DEFLECTION CURVE
кривая напряжение-деформачия	STRESS-STRAIN CURVE
кривая распределения	DISTRIBUTION CURVE
кривая температуры	TEMPERATURE SLOPE
крип	CREEP

кристалл	CRYSTAL
кристаллизация	CRYSTALLIZATION
кристаллизация полимеров	CRYSTALLIZATION OF POLYMERS
кристаллизованный	CRYSTALLIZED
кристаллическая	
кристаллическая решетка	LATTICE
кристаллический	CRYSTALLINE
кристалличность	CRYSTALLINITY
кристаллы	
кристаллы складчатой структуры	CHAIN FOLDED CRYSTALS
кристаллы со сложенными цепями	CHAIN FOLDED CRYSTALS
кромка	BEVEL; EDGE; RIDGE
крошащийся	FRIABLE
крошка	
бумажная крошка, пропитанная смолой	DICED RESIN BOARD
картонная крошка, пропитанная смолой	DICED MOLDING BOARD
текстильная крошка	MACERATED FABRIC; TEXTILE CUTTINGS
круг	DISK
войлочный полировальный круг	BUFFING WHEEL
матерчатый полировальный круг	CLOTH BUFF
полировальный круг	BUFF; BRUSH WHEEL
полировальный фетровый круг	BOB
полировочный круг	POLISHING WHEEL
притирочный круг	LAPPING WHEEL; LAP
суконный круг	MOP
суконный полировальный круг	BUFFING WHEEL
фетровый круг	FELT POLISHING DISK

КРУГ

шлифовальный круг	ABRASIVE DISK; ABRASIVE WHEEL; EMERY WHEEL; GRINDING WHEEL
щеточный полировальный круг	BRUSHING MACHINE
крупнозернистый	COARSE-GRAINED
крутить	TWIST
кручение	TWIST; TORSION
крыть	
крыть черепицей	TILE
крышка	
выдвигающаяся крышка	SLIP CAP
завинчивающаяся крышка	SCREW CAP
крышка конденсатора	CONDENSER BONNET
крышка питателя	FEED HOPPER DOOR
резьбовая крышка	SCREW CAP
ксантат	XANTHATE; XANTHOGENATE
ксантогенат	
ксантогенат натрия	SODIUM XANTHATE
ксантогенат (целлюлозы)	XANTHATE
ксантогенат целлюлозы	CELLULOSE XANTHATE
ксантогенат (целлюлозы)	XANTHOGENATE
ксантогенирование	XANTHATION
ксантогенированный	XANTHOGENATED
ксиленол	XYLENOL
куб	
дегтеперегонный куб	TAR STILL
куб для перегонки нефтяных остатков до кокса	TAR STILL
перегонный куб	ALEMBIC
кумол	CUMENE

кусок	CAKE
лак	VARNISH; LACQUER
битуминозный лак	BITUMINOUS VARNISH
быстросохнущий изоляционный лак	LACQUER SEALER
лак горячей сушки	BAKING VARNISH; THERMOSETTING VARNISH; STOVING FINISH
лак для грунта	PRIMER
лак для пропитки	LAC; IMPREGNATING VARNISH (сл. пл.)
изоляционный лак	INSULATING VARNISH
корабельный лак	MARINE FINISH COATING
масляный лак	VARNISH
масляный лак горячей сушки	STOVING VARNISH
мебельный лак	FURNITURE VARNISH
лак на основе синтетических смол	SYNTHETIC FINISH
печной лак	THERMOSETTING VARNISH
пропиточный лак	LAMINATED VARNISH
спиртовой лак	SPIRIT VARNISH
лакировать	VARNISH
лакировка	
лакировка в барабане	TUMBLING
лампа	
катодная лампа	THERMIONIC TUBE
паяльная лампа	TORCH
термионная лампа	THERMIONIC TUBE
электронная лампа	THERMIONIC TUBE
лезвие	BLADE
лезвие ножа	CUTTING BLADE
лента	BAND; TAPE; SHEETING

ЛЕНТА

бесконечная лента	ENDLESS SHEETING
изоляционная лента	ADHESIVE TAPE; WIRE INSULATING TAPE
кабельная изоляционная лента	WIRE INSULATING RIBBON
клеевая лента	SEALING TAPE
конвейерная лента	CONVEYING BENDING
липкая лента	TAPE ADHESIVE; ADHESIVE TAPE; SELF-ADHESIVE TAPE
липкая лента для уплотнения стыков	TAPE SEALANT
непрерывная лента	CONTINUOUS SHEETING
пластмассовая лента	PLASTIC WEB
пропитанная лента	TREATED TAPE
сварная термопластичная лента	THERMOPLASTIC WELDING STRIP
транспортерная лента	CONVEYING BENDING; CONVEYOR
уплотнительная лента	SEALING TAPE
лентой	
обмотанный лентой	TAPED
летучесть	VOLATILITY; FUGITIVNESS
летучие	VOLATILE MATTER
летучий	VOLATILE
лигнин	LIGNIN
лигроин	NAPHTHA
линейный	LINEAR
линия	LINE
линия вальцов	MILL LINE
пограничная линия (на диаграмме)	LIMITING LINE
линия разъема формы	MOLD PARTING LINE
линия расслоения (дефект в готовом изделии, обусловленный плохим слиянием двух литьевых потоков в форме)	WELD LINE

ЛИНИЯ

линия спектра поглощения	ABSORPTION LINE
линия стыка	FLASH LINE (пресс.); JOINT LINE; SPEW LINE (пресс.); WELD LINE
линия стыка потоков в изделии	FLOW LINE
линия течения	FLOW LINE
линтер	
(хлопковый) линтер	LINTER
хлопковый линтер	COTTON LINTER
липкий	GUMMOUS; ROPY; STICKY
липкость	STICKINESS; TACK; TACKINESS; ROPINESS; GUMMOSITY; ADHESIVENESS
липнуть	STICK
лист	SHEET
вальцованный лист	MILLED SHEET
волнистый лист	CORRUGATED SHEET
гофрированный лист	CORRUGATED SHEET
декоративный лист	DECORATIVE SHEET
жесткий лист	RIGID SHEET
защитный лист (для предупреждения вытекания смолы в слоистых пластиках)	BARRIER SHEET
лист из асбестового волокна	ASBESTOS FIBER SHEET
каландрированный лист	CALENDERED SHEET; ROLLED SHEET
наружный лист	SURFACE SHEET
облицовочный лист	DECORATIVE SHEET
пигментированный наружный лист	PIGMENTED LAYER (сл. пл.)
поверхностный лист	SURFACE SHEET
покровный лист	COVER SHEET
полировальный лист	CAUL (ам.)

полировочный лист	POLISHING PLATE
прессованный лист	PRESSED SHEET
лист прозрачной кровли	ROOFLIGHT SHEET
промежуточный лист	CAUL (ам.)
рифленый лист	CHECKERED SHEET
свальцованный лист	ROUGH SHEET
светлый лист	CLEAR SHEET
лист снимаемый с вальцов	ROLLING STOCK
строганый лист	SLICED SHEET
тисненый лист	EMBOSSED SHEET
тонкий лист	THIN GAUGE SHEET
формуемый лист	FORMABLE SHEET
футеровочный лист	SHEET FOR LINING
экструдированный лист	EXTRUDED SHEET
листование	SHEETING
листование на вальцах	SHEETING FROM THE TWO ROLL MILL
непрерывное листование	CONTINUOUS SHEETING
листовать	TO SHEET OUT
листовой	ROLLED
литник	GATE; CAST GATE; WEIR
веерный литник	FAN GATE
впускной литник	INLET (л. д.); FEED ORIFICE; FILL ORIFICE
двойной литник	DOUBLE GATE
дисковый литник	DIAPHRAGM GATE; DISK GATE
кольцевой литник	RING GATE
литник под прямым углом	TAB GATE
прямой литник	DIRECT GATE

ЛИТНИК

разводящий литник	FEEDER
распределительный литник	RUNNER
срезанный литник	SCAVENGED SPRUE
срезающийся литник	SHEAR GATE
суженный литник	RESTRICTED GATE
точечный литник	PIN-POINT GATE; RESTRICTED GATE
центральный литник	SPRUE GATING
центральный литник	SPRUE (л. д.)
центральный литник	SPRUE SLUG; STALK
литопон	LITHOPONE
лить	CAST
литье	CASTING
литье (без давления)	CAST MOLDING
литье	CASTING METHOD
безлитниковое литье	HOT GATE MOLDING
безлитниковое литье (литье под давлением с горячими литниками)	HOT RUNNER MOLDING
безлитниковое литье под давлением	DIRECT INJECTION MOLDING; RUNNERLESS INJECTION MOLDING
вертикальное литье	VERTICAL MOLDING
горизонтальное литье	HORIZONTAL MOLDING
двухструйное литье под давлением (для двухцветных изделий)	DOUBLE SHOT MOLDING
двухступенчатое литье под давлением	TRIDYNE PROCESS
двухцветное литье под давлением	TRIDYNE PROCESS
корковое литье металлов	SHELL MOLDING
многоступенчатое литье под давлением	MULTIPLE SHOT MOLDING
многоцветное литье под давлением	MULTIPLE SHOT MOLDING
непрерывное литье	CONTINUOUS CASTING

ЛИТЬЕ

оболочковое литье (в тонкостенных песочных формах с примесью искусственных смол)	SHELL MOLDING
литье под давлением	INJECTION MOLDING; MOLDING; INJECTION; DIE CASTING
литье реактопластов под давлением	THERMOSETTING INJECTION; TS INJECTION
литье термопластов под давлением	THERMOPLASTIC INJECTION; TP INJECTION
точечное литье	HOT GATE MOLDING
центробежное литье	CENTRIFUGAL CASTING
экструзионное литье под давлением	SCREW INJECTION MOLDING
лишаться	
лишаться блеска	TARNISH
лишенный	
лишенный адгезии	INADHERENT; INADHESIVE
логарифм	
логарифм вязкости	LOGARITHMIC VISCOSITY NUMBER
логарифм характеристической вязкости	LOG VISCOSITY INDEX
ломкий	BRITTLE; FRAGILE; FRIABLE
ломкий при нагреве	HOT-SHORT
ломкость	FRAGILITY; BRITTLENESS
лопасть	BLADE
лопасть мешалки	BLADE OF AGITATOR; ARM OF MIXER; AGITATING VANE
лопасть (мешателя)	PADDLE; MIXING PADDLE
поворачивающаяся лопасть	TURNING BLADE
прямая лопасть	STRAIGHT BLADE
лопатка	TROWEL
лоток	TROUGH; TRAY
загрузочный лоток	CHARGING TRAY (пресс.); LOADING TRAY (пресс.)

ЛУЧЕПРЕЛОМЛЕНИЕ

лучепреломление	
двойное лучепреломление	BIREFRINGENCE; DOUBLE REFRACTION
лучи	
рентгеновские лучи	X-RAY
лыски	
лыски для вытекания пресс-массы	OVERFLOW GROOVES; SPRUE GROOVES; FLASH GROOVES
макание	DIPPING
макать	DIP
макромолекула	MACROMOLECULE
линейная макромолекула	LINEAR MACROMOLECULE
разветвленная макромолекула	BRANCHED MACROMOLECULE
макулатура	WASTE PAPER
маловязкий	THINLY FLUID
манометр	PRESSURE GAUGE
дифференциальный манометр	DIFFERENTIAL GAUGE; DIFFERENTIAL MANOMETER
манометр показывающий давление впрыска	INJECTION PRESSURE GAUGE
манометр показывающий давление смыкания полуформ	CLOSING PRESSURE GAUGE
масло	
антраценовое масло	ANTHRACENE OIL
вазелиновое масло	PETROLATUM OIL
вареное масло	BOILED LINSEED OIL
высыхающее масло	DRYING OIL
касторовое масло	CASTOR OIL
льняное масло	LINSEED OIL
невысыхающее масло	NONDRYING OIL
парафиновое масло	PARAFFIN OIL

МАСЛО

поглотительное масло	ABSORBENT OIL
масло полимеризованное без доступа воздуха	STAND OIL
полимеризованное масло	BODIED OIL; STAND OIL
полувысыхающее масло	SEMIDRYING OIL
продутое масло	BLOWN OIL
промывное масло	ABSORBENT OIL
скрубберное масло	ABSORBENT OIL
смазочное масло	LUBRICATING OIL
среднее каменноугольное масло	CARBOLIC OIL; MIDDLE OIL
среднее каменноугольное масло (отделенное от выкристаллизованного нафталина)	TAR-ACID OIL
таловое масло (побочный продукт при производстве челлюлозы)	TALL OIL
тунговое масло	TUNG OIL
тяжелое масло	HEAVY OIL
уплотненное масло	STAND OIL
фенольное масло	CARBOLIC OIL
эпоксидированное масло	EPOXIDIZED OIL
маслостойкий	OIL RESISTANT
маслостойкость	GREASE RESISTANCE
маслоупорный	OIL RESISTANT
масса	
густая масса	HEAVY BODY
масса для горячего окунания и последующего сьема покрытия	HOT DIP STRIPPING COMPOUND
масса для литья под давлением	INJECTION COMPOSITION
масса для покрытия окунанием и последующего сьема покрытия	STRIPPING COMPOUND
заливочная масса	POTTING COMPOUND

МАССА

кабельная шланговая масса	SHEATHING COMPOUND
литьевая масса	INJECTION COMPOUND; MOULDING COMPOUND; INJECTION COMPOSITION; MOULDING MATERIAL
пластическая масса	PLASTIC MATERIAL; PLASTICS; PLASTOMER
прессовочная масса	MOLDING MATERIAL; MOULDING COMPOUND
уплотнительная масса	SEALING COMPOUND
формовочная масса	MOLDING COMPOUND; MOLDING COMPOSITION; MOLDING MATERIAL
массы	
наполненные формовочные массы	FILLED MOULDING COMPOSITIONS
мастер-модель	MASTER MODEL
мастикатор	MASTICATOR
масштаб	SCALE
мат	MAT
мат из рубленой стеклопряжи	CHOPPED STRAND MAT
поверхностный мат (стекловолокно, прессованное для образования гладкой поверхности)	SURFACE MAT
предохранительный мат	BLEEDER MAT
стеклянный зигзагообразный мат (изготовленный из беспорядочно расположенных волокон, связанных химически или стежкой)	DIAMOND MAT
стеклянный мат	GLASS MAT
материал	
абразивный материал	ABRASIVE
армирующий материал	REINFORCING MATERIAL
ацетилцеллюлозный формовочный материал	CELLULOSE ACETATE MOLDING MATERIAL
волокнистый материал	FIBER MATERIAL

МАТЕРИАЛ

материал вспениваемый в изделии	FOAM-IN-PLACE MATERIAL
материал вспениваемый на месте потребления	FOAM-IN-PLACE MATERIAL
гибкий пленочный материал	FLEXIBLE FILM; FLEXIBLE SHEETING
гранулированный материал	MOLDING GRANULES
материал для гибких рукавов	FLEXIBLE TUBING
материал для литья под давлением	MOLDING GRANULES; INJECTION COMPOUND
изоляционный материал	INSULATING MATERIAL
исходный материал	BASIC MATERIAL
композиционный материал	COMPOSITE MATERIAL
кровельный материал	ROOFING
материал лежащий навалом	BULK MATERIAL
мелкий инертный материал	FINE AGGREGATE
мелкораздробленный материал	FINE
материал на основе нитроцеллюлозы	NC-BASE MATERIAL
материал не выдерживает при...	FAILURE OCCURS AT...
непроводящий материал	NON-CONDUCTING MATERIAL
основной материал	BASIC MATERIAL
пенистый материал	SPONGE
материал первичного изготовления	VIRGIN MATERIAL
перерабатываемый материал	STOCK
пленкообразующий материал	FILM FORMER
пленочный материал	SHEETING
полосовой материал	STRIP MATERIAL
пористый материал	SPONGE
пропитанный кровельный материал	TREATED ROOFING
прутковый материал	ROD STOCK

МАТЕРИАЛ

размолотый материал	GRINDING STOCK
растекающийся материал	YIELDING MATERIAL
рулонный кровельный материал	ROLL ROOFING
свариваемый материал	WELDING BASE MATERIAL
связующий материал	BOND
слежавшийся материал	CAKE
слоистый материал	LAMINATED MATERIAL; LAMINATE
слоистый слюдяной материал	MICANITE
составной материал	COMPOSITE MATERIAL
спекшийся материал	CAKE; SINTER
сыпучий материал	BULK MATERIAL
сырой материал в виде листа	SLAB OF STOCK
твердый пенистый материал	SOLID-FOAMED MATERIAL
твердый ячеистый материал	SOLID-FOAMED MATERIAL
текучий материал	YIELDING MATERIAL
цементирующий материал	BINDING MATERIAL; BINDING AGENT
шлифовальный материал	ABRASIVE

материалы

аблятивные материалы	ABLATIVE MATERIALS
аблятивные материалы из пластмасс	PLASTIC ABLATING MATERIALS
губчатые материалы	SPONGY MATERIALS
каучукообразные материалы	RUBBER-LIKE MATERIALS
конструкционные материалы	BUILDING MATERIALS
лакокрасочные материалы	PAINT
листовые материалы	FLAT-SHEET MATERIALS
пенистые материалы	FOAM MATERIALS
пористые материалы	POROUS MATERIALS

МАТЕРИАЛЫ

слоистые материалы	STRATIFIED MATERIALS
слоистые сотовые материалы	HONEYCOMB LAMINATES
сотовидные материалы	HONEYCOMBED MATERIALS
теплоизолирующие материалы	THERMAL INSULATION MATERIALS
термозащитные материалы	THERMAL PROTECTIVE MATERIALS
термоизолирующие материалы	ABLATIVE MATERIALS
упаковочные материалы	PACKAGING CLOSURES
ячеистые материалы	FOAM MATERIALS
матирование	DULL POLISH; DELUSTRING
матированный	
матированный травлением	ACID-ETCHED
матировать	FLATTEN
матовость	DULL SURFACE
матовый	FLAT; DULL; MATTE
маточник	MOTHER LIQUOR
матрица	MATRIX; FEMALE MOULD; FEMALE DIE; NEGATIVE DIE; FORCE; BOTTOM FORCE; CAVITY BLOCK; CAVITY; MOLD CAVITY
матрица для отливки	CASTING MATRIX
разъемная матрица	SPLIT CAVITY
составная матрица	SPLIT CAVITY
машина	
брикетировочная машина	PREFORMING MACHINE
вакуумформовочная машина	DRAPE AND FORMING MACHINE
валковая покрывная машина	ROLL KISS COATER
гофрировочная машина	EMBOSSING MACHINE; GAUFFER MACHINE
диагонально-резательная машина	BIAS CUTTING MACHINE
машина для изготовления шлангов	TUBING MACHINE

машина для испытания на истирание	ABRADER
машина для испытания на истирание стеклянной шкуркой	SANDPAPER ABRADER
машина для испытания на кручение	TORSIONAL TESTER
машина для испытания на многократную деформацию	PROTRACTED TEST MACHINE
машина для испытания на многократный изгиб	FLEXOMETER
машина для испытания на растяжение	TENSION TESTING MACHINE
машина для испытания на усталость	FATIGUE MACHINE; PROTRACTED TEST MACHINE
машина для литья под давлением	INJECTION (MOLDING) PRESS
машина для намотки изоляционных труб	INSULATING TUBE COILING MACHINE
машина для намотки (стеклоленты)	TAPE WINDING MACHINE
машина для нанесения клея	CEMENTING MACHINE
машина для нанесения покрытия с применением ракли	DOCTOR KISS COATER
машина для непрерывного смешения и экструзии	MILL STRUDER
машина для обрезки	TRIMMING CUTTER
машина для пропитки слоистых материалов	VARNISHING MACHINE
машина для снятия заусенцев	WHEELABRATOR
машина для строжки блоков	BLOCK SKIVING MACHINE; BLOCK SLICING MACHINE
машина для тонкого измельчения	SLIMER
клеевая машина	GLUE MACHINE
клеенамазочная машина	CEMENTING MACHINE
лакировальная машина	GLUE SMEARING MACHINE (сл. пл.)
лакировочная машина	COATING MACHINE; VARNISHING MACHINE

МАШИНА

лентонамоточная машина	STRIP WINDING MACHINE; TAPE WINDING MACHINE; STRIP WINDER
литейная машина	CASTING MACHINE
литьевая машина	INJECTION (MOLDING) PRESS; MOLDING PRESS
литьевая машина с одночервячным пластикатором, совершающим возвратно-поступательное движение	RECIPROCATING SINGLE-SCREW MACHINE
литьевая машина с поворотным столом	ROTARY INJECTION MOLDING MACHINE
месильная машина	KNEADING MACHINE; KNEADER
многопозиционная машина	MULTI-STATION MACHINE
намоточная машина	CORE WINDING MACHINE; WINDING MACHINE; WINDER
машина наносящая покрытие	COATER
одношнековая машина	SINGLE-SCREW EXTRUDER
пастомесильная машина	PASTE MIXER
перфорационная машина	PERFORATING MACHINE
полировальная машина	BUFFING MACHINE
притирочная машина	LAPPING MACHINE
пропиточная машина	IMPREGNATING MACHINE; LAC SMEARING MACHINE; VARNISHING MACHINE; IMPREGNATOR
просевальная машина	SIFTING MACHINE
просевная машина	SIFTER
просеивающая машина	SIFTING MACHINE
протирочная машина	TRITURATING MACHINE
прядильная машина	SPINNING MACHINE
разрывная машина	TENSION TESTER
рассевальная машина	SCREENING MACHINE
растяжная машина	STRETCHING APPARATUS
растяжная машина (для вытягивания пленок)	STRETCHER

ратинирующая машина	PLUSH MACHINE
резальная машина	CLIPPING MACHINE; GUILLOTINE
ротационная таблеточная машина	ROTARY PELLETING MACHINE; ROTARY PELLETER
сварочная высокочастотная машина	LINEAR-CONTACT HIGH-FREQUENCY SEALING MACHINE
сварочная машина	WELDING APPARATUS
машина среднего дробления	INTERMEDIATE CRUSHER
строгальная машина (для строжки блока на листы)	SLICING MACHINE; MECHANICAL SLICER
таблеточная машина	TABLET COMPRESSING MACHINE; TABLETING MACHINE; PELLETING MACHINE; PREFORMING MACHINE; PELLETER; PELLETING PRESS; TABLET PRESS
универсальная месильная машина	UNIVERSAL KNEADING MACHINE
фальцовочная машина	FOLDING MACHINE
червячная литьевая машина	SCREW INJECTION MOLDING MACHINE
червячная литьевая машина с предварительной пластикацией	SCREW-RAM PLASTICIZING INJECTION MACHINE
ширильная машина	STENTERING MACHINE
шлифовальная машина	GRINDING MACHINE
шлихтовальная машина	SIZING MACHINE
экструзионная машина	SCREW-TYPE EXTRUSION MACHINE; EXTRUDING PRESS
межмолекулярный	INTERMOLECULAR
меламин	MELAMINE
меламин-формальдегидный	
меламин-формальдегидный (о смоле)	MELAMINE-FORMALDEHYDE
мелкозернистый	SHORT-GRAINED; CLOSE-GRAINED; FINE
мельница	MILL; GRINDING MILL

МЕЛЬНИЦА	
барабанная мельница	BARREL MILL
вальцовая мельница	ROLL MILL
вибрационная мельница	SWING SLEDGE MILL; VIBRATION MILL
дисковая мельница	DISK MILL
мельница для мокрого дробления	WET CRUSHING MILL
мельница для пушения (асбеста)	FIBERIZER
жерновая мельница	ATTRITION MILL
жерновая мельница с каменными жерновами	BURSTONE MILL
зубчатая дисковая мельница	TOOTHED DISK MILL
коллоидная мельница	COLLOID MILL
коническая шаровая мельница	CONICAL BALL MILL; CONICAL MIXER
крестовая мельница	CROSS BEATER MILL
крестообразная мельница	CROSS BEATER MILL
многорядная молотковая дробильная мельница	HAMMER SWING SLEDGE MILL
молотковая дробильная мельница	HAMMER SWING MILL
мельница размалывающая истиранием	ATTRITION MILL
роликовая мельница	ROLL MILL
мельница тончайшего помола	MICRONIZER
трубчатая мельница (заполненная стержнями вместо шаров)	ROD MILL
ударная коллоидная мельница	BEATER COLLOID MILL
удлиненная шаровая мельница	TUBE MILL
центробежная мельница	CENTRIFUGAL MILL
шаровая мельница	DRUM MILL; BALL MILL; BARREL MILL; BALL CRUSHER
мерсеризатор	MERCERIZER
месилка	
универсальная месилка	UNIVERSAL KNEADING MACHINE

МЕСИЛКА

универсальная месилка со стационарной дежой и двумя горизонтальными вращающимися лопастями	UNIVERSAL MIXER
месительь	KNEADER MIXER
месить	MASTICATE
места	
места пережога	BURNED SPOTS
метакрезол	METACRESOL
метакрилат	METHACRYLATE
металлизация	METALLIZING
вакуумная металлизация	VACUUM METALLIZING; HIGH-VACUUM METAL DEPOSITING
(вакуумная) металлизация	PLATING
(вакуумная) металлизация пластмасс	PLASTIC PLATING
метан	METHANE
метанол	METHANOL
метастабильный	METASTABLE
метил	METHYL
метилакрилат	METHYL ACRYLATE
метилолмеламин	METHYLOL MELAMINE
метилцеллюлоза	METHYL CELLULOSE
метка	DENT; SCORE
метод	TECHNIQUE
вакуум-инжекционный метод	MARCO PROCESS
вакуум-инжекционный метод прессования стекломатов	VACUUM INJECTION MOLDING
визуальный метод определения прозрачности пленки	SEE-THROUGH
метод выдувания листовых термопластов	SHEET BLOWING METHOD
метод горячего растворения (применяемый при производстве целлюлозных пластиков)	HOT-ACTING SOLVENT METHOD

МЕТОД

метод Джориссена (обнаружение формальдегида в смоле)	JORISSEN METHOD
метод испытания	TESTING METHOD
метод комбинирования вакуума и давления	VACUUM AND PRESSURE METHOD
метод литья	CASTING METHOD
метод Марко	MARCO PROCESS
мокрый метод (наслоения)	WET-PROCESSING
мокрый метод наслоения	WET-LAY-UP
метод нулевой точки (определение влаги по Карлу Фишеру)	DEAD STOP METHOD
метод перфорации (тонкими иглами)	POROMASTER PROCESS
метод получения пленки через щелевую головку экструдера	LAYFLAT PROCESS; FLAT FILM PROCESS
метод последовательных приближений	TRIAL-AND-ERROR METHOD
метод промывки (лака)	FLUSHING METHOD
синтетический метод	BUILDING METHOD
турбидиметрический метод	TURBIDITY METHOD
метод формования гибким мешком (резиновым)	DEFLATABLE FLEXIBLE BAG TECHNIQUE; INFLATABLE FLEXIBLE TUBE (BAG) TECHNIQUE
метод центробежного литья	ROTATIONAL CASTING
метод шара и кольца	BALL-AND-RING METHOD
шлицевой метод экструзии пленок и полос	SLOT DIE METHOD
экспериментальный метод	CUT-AND-TRY METHOD
метод экструзии с последующим раздувом	BLOWN-EXTRUSION METHOD; EXTRUSION BLOWING
эмпирический метод	RULE OF THUMB
методика	TECHNIQUE
методика обработки	WORKING-UP PROCEDURE
метчик	TAP

МЕХАНИЗМ

механизм

дисковый механизм для извлечения готовых изделий из формы	DISK EXTRACTOR
механизм для поперечного передвижения	TRAVERSING GEAR
коленчато-рычажный механизм (смыкания полуформ)	TOGGLE LOCKING MECHANISM
приемный механизм	TAKE-UP MECHANISM; TAKE-OFF EQUIPMENT (экстр.)
ходовой механизм	TRAVERSING GEAR
меченый	
меченый (напр. атом, вещество)	LABEL(L)ED
меш	MESH
квадратный меш	SQUARE MESH
прямоугольный меш	SLOT MESH
мешалка	BLENDER; AGITATOR; STIRRER
дисковая мешалка	DISK IMPELLER
лопастная мешалка	ARM MIXER; BLADE-PADDLE MIXER; PADDLE STIRRER
лопастная мешалка с пальцами на стенке бака	PADDLE MIXER WITH INTERMESHING FINGERS
передвижная лопастная мешалка	TRAVELLING PADDLE MIXER
мешалка периодического действия	BATCH MIXER
планетарная мешалка	PLANET(ARY) STIRRER
порционная мешалка	BATCH MIXER
пропеллерная мешалка	PROPELLER STIRRER
скребковая мешалка	RAKE STIRRER
мешалка с лемешными лопастями	PLOUGH BLADE MIXER
мешалка с ленточной спиралью	RIBBON STIRRER
спиралеобразная мешалка	SPIRAL-SHAPED AGITATOR
турбинная мешалка	TURBINE STIRRER

МЕШАЛКА

якорная мешалка	ANCHOR AGITATOR; ANCHOR MIXER
мешатель	MIXER
барабанный мешатель	ROTARY MIXER; TUMBLING MIXER
барабанный мешатель двухконусного типа	DOUBLE-CONE MIXER
быстроходный мешатель	IMPELLER
воздухоструйный мешатель	AIR-LIFT AGITATOR
вращающийся мешатель	ROTARY MIXER
грибовидный мешатель	MUSHROOM MIXER
двухбарабанный мешатель	TWIN-CYLINDER MIXER
двухконусный центробежный мешатель	DOUBLE-CONE IMPELLER
двухлопастный мешатель	DOUBLE-ARM KNEADER
мешатель для непрерывного смешения жидких потоков с регулируемым пребыванием жидкости в резервуаре	RETENTION MIXER
мешатель для порошка	IMPACT MIXER
желобный мешатель	TROUGH MIXER
инжекционный мешатель	JET (AGITATOR) MIXER
конусный вращающийся мешатель	CONE IMPELLER
корытообразный мешатель	TROUGH MIXER
ленточно-спиральный мешатель	RIBBON MIXER
наклонный мешатель	TILTED MIXER
наклонный шаровой мешатель	MUSHROOM MIXER
мешатель (небольшого размера)	MIXING PAN
мешатель непрерывного действия	CONTINUOUS MIXER
мешатель непрерывного действия с порционной подачей материала	SLUGWISE CONTINUOUS MIXER
мешатель опрокидывающийся при разгрузке	TILTING MIXER
пальцевый мешатель	FINGER PADDLE MIXER
переносный мешатель	PORTABLE MIXER

МЕШАТЕЛЬ

планетарный мешатель	PLANETARY MIXER
пропеллерный мешатель	PROPELLER MIXER
проточный мешатель	PIPELINE MIXER; FLOW MIXER
мешатель с двумя противоположно вращающимися лопастями	DOUBLE-MOTION MIXER
мешатель с закрытой чашей	INTERNAL MIXER
мешатель с лопастной мешалкой	PADDLE MIXER
мешатель с мешалкой типа "рыбий хвост"	DOUBLE NABEN MIXER
мешатель с перемежающимися лопастями	INTERMESHING PADDLES MIXER
мешатель с рубашкой	JACKETED MIXER
струйный мешатель	JET AGITATOR
мешатель типа "волчок"	IMPELLER MIXER
мешатель типа "короткое весло"	PADDLE MIXER
турбинный мешатель	TURBINE MIXER; RADIAL FLOW IMPELLER; TURBINE IMPELLER
шнековый мешатель	SCREW MIXER
якорный мешатель	HORSE-SHOE MIXER
мешать	AGITATE
мешок	
резиновый мешок, применяемый при вакуумном формовании	VACUUM BAG
резиновый мешок с выкачанным воздухом	DEFLATED RUBBER BAG
эластичный мешок, применяемый при вакуумном формовании	VACUUM BAG
миграция	MIGRATION
миграция пластификатора	MIGRATION OF PLASTICIZER
мигрировать	MIGRATE
миканит	MICANITE
микроскоп	
измерительный микроскоп	READING MICROSCOPE

МИКРОСКОП

электронный микроскоп	ELECTRON MICROSCOPE
минералы	
пластинчатые минералы	PLATY MINERALS
многоатомный	
многоатомный (о спирте)	POLYBASIC
многовалентный	POLYVALENT
многоосновный	
многоосновный (о кислоте)	POLYBASIC
многофункциональный	POLYFUNCTIONAL
многошпиндельный	MULTIPLE-SPINDLE
моделировать	SIMULATE; FASHION
модель	MODEL
модель для макания	DIPPING
пружиннодемпферная модель (для исследования вязкоупругих свойств полимеров)	SPRING/DASH-POT MODEL
точная модель	SCALE MODEL
модификатор	MODIFIER
модификация	MODIFICATION
модифицированный	MODIFIED
модуль	MODULUS
модуль всестороннего сжатия	BULK MODULUS
модуль излома (при статическом изгибе)	MODULUS OF RUPTURE
начальный модуль	INITIAL MODULUS
модуль сдвига	RIGIDITY
модуль среза	RIGIDITY
модуль упругости	ELASTIC MODULUS; YOUNG'S MODULUS
модуль упругости при изгибе	MODULUS OF FLEXURE

МОДУЛЬ

модуль упругости при кручении	MODULUS OF TORSION
модуль упругости при растяжении	MODULUS OF TENSION
модуль упругости при сдвиге	MODULUS OF SHEAR
модуль упругости при сжатии	MODULUS OF COMPRESSION
модуль Юнга	ELASTIC MODULUS; YOUNG'S MODULUS
многогнездная пресс-форма	MULTI-IMPRESSION MOULD
многоместная пресс-форма	MULTI-IMPRESSION MOULD
молекула	
длинноцепная молекула	LONG CHAIN MOLECULE
линейная молекула	LINEAR MOLECULE
нитевидная молекула	THREADLIKE MOLECULE
разветвленная молекула	BRANCHED MOLECULE
молекула свернутая в клубок	COILED MOLECULE
молекула с длинной цепью	LONG CHAIN MOLECULE
молекула с нормальной цепью	STRAIGHT CHAIN MOLECULE
молекула содержащая разветвленную цепь	BRANCHED MOLECULE
цепная молекула	CHAIN MOLECULE
молекулы	
неполярные молекулы	NONPOLAR MOLECULES
молекулярно-дисперсный	MOLECULAR DISPERSE
молот	
пневматический молот	AIR HAMMER
молоток	
молоток молотковой мельницы	BEATER
моноволокно	MONOFILAMENT
монтаж	ASSEMBLY
монтан-воск	MONTAN WAX

морить	STAIN
мороз	
мороз (мельчайшие трещины в пластике)	FROSTING
морозостойкий	FREEZE-THAW-STABLE
морозостойкость	BRITTLE TEMPERATURE; COLD RESISTANCE; LOW-TEMPERATURE RESISTANCE; BENDING BRITTLE POINT; ANTI-FREEZING PROPERTY
морозоустойчивый	FREEZE-THAW-STABLE
морщение	WRINKLING
мостик	VALENCE BRIDGE
проводящий мостик (при испытании на дугостойкость)	ARC TRACKING
мотать	WIND
мотор	
мотор для шнека	TORQUE MOTOR
мочевина	UREA; CARBAMIDE
мрамористость	MOTTLE
мрамористый	MOTTLED
мука	
древесная мука	WOOD FLOUR
мука из размолотой скорлупы кокосового ореха	COCONUT SHELL FLOUR
мука орехового дерева	WALNUT SHELL FLOUR
сланцевая мука	SLATE FLOUR
мультипликатор	
гидравлический мультипликатор	HYDRAULIC INTENSIFIER
мультипликатор (усилитель давления)	BOOSTER
мундштук	DIE (экстр.)
мундштук	MOUTH-PIECE; NECK; NOZZLE

МУНДШТУК

мундштук	ORIFICE (экстр.)
мундштук для выдувания	BLOW NOZZLE
мундштук для экструзии	EXTRUSION DIE
мундштук для экструзии пленки и листов	EXTRUSION DIE FOR FLAT SHEET
мундштук для экструзии стержней и волокон	EXTRUSION DIE FOR RODS AND FILAMENTS
мундштук для экструзии труб	EXTRUSION DIE FOR PIPE EXTRUSION; EXTRUSION DIE FOR TUBING
многоканальный мундштук для нитей	SPINNERET (экстр.)
мундштук с кольцеобразным соплом	CIRCULAR DIE (экстр.)
щлицевой мундштук	FLAT DIE (экстр.); FLAT SHEETING DIE (экстр.)
щлицевой мундштук для экструзии листов пленок	SLOT DIE
мутность	TURBIDITY; TURBIDNESS
мутный	TURBID
муфта	SLEEVE
зажимная муфта	CLAMP COUPLING
коническая муфта	CONICAL SLEEVE
резьбовая муфта	THREADED SLEEVE
муфта с винтовой нарезкой	SCREW SLEEVE; SLEEVE NUT
соединительная муфта	JOINT BOX
мыло	
металлическое мыло	METALLIC SOAP
мягчение	SOFTENING
мягчитель	EMOLLIENT; PLASTICIZER; SOFTENER
мягчительный	EMOLLIENT
мягчить	SOFTEN
набивка	STUFFING

НАБУХАЕМОСТЬ

набухаемость	SWELLING CAPACITY
набухание	SWELL; SWELLING; TURGESCENCE; TURGIDITY
набухший	TURGENT; TURGID
наведение	
наведение мраморного рисунка	MARBLING
навеска	LOAD; WEIGHED PORTION; CHARGE
навеска для загрузки в литьевой тигель	SHOT WEIGHT (л. пресс.)
навеска для загрузки пресс-формы	MOLD CHARGE
единовременная навеска	BATCH
наводить	
наводить блеск	BURNISH
нагрев	HEATING
высокочастотный нагрев	RADIO-FREQUENCY HEATING
высокочастотный предварительный нагрев	RADIO-FREQUENCY PREHEATING
диэлектрический нагрев	DIELECTRIC HEATING
емкостный высокочастотный нагрев	CAPACITY CURRENT HEATING
замедленный нагрев	THERMAL LAG
индукционный нагрев	INDUCTION HEATING
нагрев инфракрасными лучами	HEATING BY INFRA-RED RADIATION; INFRA-RED HEATING
ленточный нагрев	STRIP HEATING
ступенчатый нагрев	STAGE HEATING
нагреватели	
нагреватели корпуса	BARREL HEATERS (экстр.)
нагреватель	HEATER
ленточный нагреватель	STRIP HEATER; HEATER BAND; HEATING TAPE (экстр.)
нормализованный нагреватель для пресс-форм	CARTRIDGE HEATER

НАГРЕВАТЕЛЬ

пластинчатый нагреватель	STRIP HEATER
погружаемый нагреватель	IMMERSION HEATER
нагреватель сопла	NOZZLE HEATER
нагреватель сопротивления	RESISTANCE HEATER
нагревать	
предварительно нагревать	PREHEAT
нагревостойкий	HEAT-STABLE
нагревостойкость	RESISTANCE TO HEAT; HEAT STABILITY
нагрузка	LOAD
длительная статическая нагрузка	LONG TERM STATIC LOADING
максимально допустимая нагрузка	ULTIMATE BEARING STRENGTH
осевая нагрузка	AXLE LOAD; THRUST LOAD
повторная нагрузка	RELOADING
полезная нагрузка	AVAILABLE LOAD; BREAKING LOAD; CRUSHING LOAD
предельная нагрузка	LIMIT LOAD
нагрузка при вдавливании	INDENTATION LOAD
разрушающая нагрузка	BREAKING LOAD; CRUSHING LOAD
расчетная нагрузка	DESIGN LOAD
сжимающая нагрузка	COMPRESSION LOAD
надмолекулярный	SUPRAMOLECULAR
надрез	DENT
надрезанный	NOTCHED
найлон	
найлон (полиамидное синтетическое волокно)	NYLON
найлон-66 (66- число углеродных атомов в каждой исходной соли, из которых получается найлон)	NYLON-66

НАКАТКА

накатка	WINDING-UP
накипь	SINTER
накладка	SURFACING (сл. пл.)
личевая накладка	SURFACE SHEET
наклеивать	STICK
наклон	RAKE
наконечник	
вдавливающий наконечник	INDENTING TIP
наконечник червяка	SCREW TIP
накрой	LAP
налет	
налет (на поверхности)	BLOOM
налет от смазки	LUBRICANT BLOOM
налипание	
налипание грата	FLASH STICKING
намазывание	PASTING
двухстороннее намазывание	DOUBLE SPREADING
намазывать	SPREAD
намазывать клеем	DAUB
наматывание	WINDING-UP
наматывать	WIND; TO WIND ON; TO WIND UP; WRAP; TO REEL UP
намокаемость	ABSORPTIVITY
намотка	CONVOLUTION; COIL
нанесение	
нанесение пленки на бумагу или ткань	LAMINATION COATING
нанесение покровного слоя	COATING
наносить	
наносить клей	SPREAD

НАНОСИТЬ

наносить лопаткой	TROWEL
наносить повреждение	SCORE
напластовывать	STRATIFY
наполнение	FILLING; REPLENISHMENT; LOADING
наполнение ингредиента	CHARGING OF MIX
наполнение сверху	TOP FILLING
наполнитель	FILLER; EXTENDER; FILLING COMPOUND; COUPLER; FILLING MATERIAL; REINFORCING MATERIAL
активный наполнитель	REINFORCER; ACTIVE FILLER; REINFORCING FILLER; STIFFENING AGENT
армирующий наполнитель	REINFORCING FILLER
асбестовый наполнитель	ASBESTOS FILLER
наполнитель из скорлупы	SHELL FILLER
наполнитель из ткани	FABRIC FILLER
инертный наполнитель	INACTIVE FILLER
легкий наполнитель	LOW DENSITY FILLER
минеральный наполнитель	MINERAL FILLER
неорганический наполнитель	INORGANIC FILLER
наполнитель низкой плотности	LOW DENSITY FILLER
рыхлый наполнитель	LOOSE FILLER
тиксотропный наполнитель	THIXOTROPIC FILLER
тканевый наполнитель	FABRIC FILLER
наполнитель увеличивающий жесткость смеси	STIFFENING AGENT
усиливающий наполнитель	REINFORCING FILLER
наполнителя	
без наполнителя	UNSUPPORTED
наполнять	EXTEND

НАПРАВЛЕНИЕ

направление	
направление во втулке	BUSHING (л. д.)
поперечное направление	CROSSWISE DIRECTION (сл. пл.)
направление потока	DIPPING OF FLOW
продольное направление	LENGTHWISE DIRECTION (сл. пл.)
направлении	
в направлении волокна	WITH GRAIN
в направлении основы	IN WARP DIRECTION
в поперечном направлении	CROSSWISE
направленный	
направленный вверх	UPFLOW
напряжение	STRESS
напряжение вибрачии	VIBRATING STRESS
напряжение в продольном направлении	LONGITUDINAL STRESS
главное напряжение	PRINCIPAL STRESS
действительное напряжение	ACTUAL STRESS
напряжение действуюшее на поверхности	SURFACE TRACTION
динамическое напряжение	DYNAMIC(AL) STRESS
напряжение изгиба	BENDING STRESS
напряжение кручения	TORSIONAL TENSION
неоднородное напряжение	NONHOMOGENEOUS STRESS
осевое напряжение	AXIAL STRESS
остаточное напряжение	RESIDUAL STRESS
переменное напряжение	ALTERNATING STRESS
периодическое напряжение	REPEATED STRESS
поверхностное напряжение	STRESS SURFACE
напряжение по поверхности трубы	CIRCUMFERENTIAL STRESS; LOOP STRESS

НАПРЯЖЕНИЕ

напряжение при изгибе	BENDING STRESS; FLEXURAL STRESS
напряжение при растяжении	TENSILE STRESS
напряжение при сжатии	COMPRESSIVE STRESS
пробивное напряжение	BREAK-DOWN VOLTAGE
напряжение сдвига	SHEAR STRESS; SHEARING FORCE
синусоидальное напряжение	WAVED STRESS
напряжение смятия	BEARING STRESS
статическое напряжение	STATIC STRESS
тангенциальное напряжение	TANGENTIAL STRESS
напряжение течения	YIELD STRESS
усадочное напряжение	SHRINKAGE STRESS
эффективное напряжение	ACTUAL STRESS
напряженный	STRESSED
напуск	LAP
напыление	SPRAYING
вакуумное напыление	VACUUM METALLIZING; VACUUM DEPOSITION
вихревое напыление	DIP COATING IN POWDER
пламенное напыление	FLAME SPRAY; FLAME SPRAYING
прямое напыление заготовки (одновременно стекловолокна и смолы)	DIRECTED FIBER PREFORM PROCESS
нарезать	
нарезать зубцы	TOOTH
нарезать метчиком	TAP
нарезка	
спиральная нарезка червяка	SCREW FLIGHT (экстр.)
насадка	PACKING; NECK
насаживать	
насаживать в горячем состоянии	TO SHRINK ON

НАСЛАИВАНИЕ

наслаивание	BLANKETING
наслоение	LAMINATION; LAY-UP
беспорядочное наслоение	RANDOM LAMINATION
параллельное наслоение	PARALLEL LAMINATION
наслоение под углом	SHINGLE LAMINATION
наслоение с помощью матов	MAT LAY-UP
настил	
настил из пластика, наносимый распылением на решетку	SPRAY WEBBING
настил из плиток	FLOOR TILES
насыщаемость	SATURATION CAPACITY
насыщать	SATURATE
насыщение	SATURATION
натрий	SODIUM
углекислый натрий	SODIUM CARBONATE
натяжение	
поверхностное натяжение	INTERFACE SURFACE ENERGY; SURFACE TENSION; INTERFACE TENSION
нафта	NAPHTHA
нафталин	NAPHTHALENE
нахлестка	LAP
находящийся	
находящийся в процессе возникновения	NASCENT
находящийся в процессе выделения	NASCENT
находящийся между слоями	IMBEDDED
не	
не дающий усадки	SHRINKPROOF
не изменяться	TO BE UNAFFECTED

не имеющий утечек	VACUUM TIGHT
не обладающий хладотекучестью	UNYIELDING
не подвергаться воздействию	TO BE UNAFFECTED BY
не поддающийся коррозии	INCORRODIBLE
не поддерживающий горения	SELF-EXTINGUISHING
не связанный с разложением	NONDESTRUCTIVE
невоспламеняемый	NONFLAMMABLE
невспучивающийся	NONSWELLING
негорючий	NONCOMBUSTIBLE; INCOMBUSTIBLE
недеструктивный	NONDESTRUCTIVE
недеформированный	UNSTRAINED
недодержка	SHORT; PRECURE; PREMATURE CURING
недодержка (недостаточная выдержка)	UNDERCURE
недопрессованный	SHORT
недопрессовка	SHORT; SHORTNESS; UNDERPRESSING
недопрессовка	SHORT MOLDING
нежесткий	NON-RIGID
неизменный	CONSTANT
неклейкий	INADHESIVE
некорродируемый	INCORRODIBLE
некристалличность	AMORPHISM
нелипкий	NONTACKY
неломкий	NONSHATTERING
нематированный	
нематированный (о естественном блеске)	UNDERLUSTRED
немодифицированный	UNMODIFIED
немутнеющий	HAZEFREE

НЕНАБУХАЮЩИЙ

ненабухающий	NONSWELLING
ненапряженный	UNSTRESSED
ненарезанный	
ненарезанный (о шнеке)	UNFLIGHTED
ненасыщенный	UNSATURATED; NONSATURATED
необработанный	UNTREATED
необратимость	NONREVERSIBILITY
неоднородность	HETEROGENEITY
неокисляемость	INOXIDABILITY
неокрашенный	UNDYED; TINTLESS
неомыляемый	NONSAPONIFYING
неомыляющийся	NONSAPONIFYING
неопрен	NEOPRENE
неоседающий	NONSETTLING
неотвержденный	UNCURED
неотстаивающийся	NONSETTLING
неплавкий	NONFUSIBLE; INFUSIBLE
непластифицированный	UNPLASTICIZED
непластицированный	UNPLASTICIZED
неполярный	NONPOLAR
непроводящий	NONCONDUCTING
непрозрачность	OPACITY
непрозрачный	OPAQUE
непроницаемость	IMPERMEABILITY
непроницаемый	IMPERMEABLE; IMPERVIOUS; TIGHT
непропитанный	UNTREATED
непрочность	FUGITIVNESS
нераспыляемый	NONSPRAYABLE

нерастворимость	INSOLUBILITY
нерастворимый	INSOLUBLE
нерастворимый	NONSOLUBLE
несветящийся	NONLUMINOUS
несвязанный	UNCOMBINED
несвязность	INCOHERENCE; INCOHERENTNESS; INCOHESION
несвязный	INCOHERENT
несжимаемость	INCOMPRESSIBILITY
нескользящий	NONSKID
несмачиваемый	NONWETTABLE
несмачивающий	NONWETTING
несмешанный	UNBLENDED
несмешиваемость	IMMISCIBILITY
несмешиваемый	NONMISCIBLE
несмешивающийся	NONMISCIBLE
несовместимость	INCOMPATIBILITY; INCONGRUENCE; INCONGRUITY
несовместимый	INCONGRUENT; INCONGRUOUS
несовпадаемость	INCONGRUENCE; INCONGRUITY
несовпадающий	INCONGRUENT; INCONGRUOUS
несообщающиеся	
несообщающиеся поры	NONINTERCOMMUNICATING CELLS CELLS
нестабильность	INSTABILITY
нестойкий	UNSTABLE
нестойкость	FUGITIVNESS
несцементированный	INCOHERENT
несцепленный	INADHERENT; INADHESIVE

НЕТЕПЛОСТОЙКИЙ

нетеплостойкий	HOT-SHORT
нетоксичный	NONTOXIC
неустойчивый	UNSTABLE
нефтепродукт	PETROLEUM PRODUCT
нефть	PETROLEUM
неядовитый	NON-TOXIC
неясный	TURBID
никелированный	NICKEL PLATED
ниппель	
дозирующий ниппель	METERING MIPPLE
нитевидный	FILAMENTARY
нитеобразный	FILAMENTARY
нитка	THREAD
нитрат	
нитрат челлюлозы	CELLULOSE NITRATE
нитрачия	NITRATION
нитрил	
нитрил акриловой кислоты	ACRYLONITRILE
нитрил капроновой кислоты	CAPRONITRILE
нитровать	NITRATE
нитрогличерин	NITROGLYCERINE
нитрочеллюлоза	CELLULOSE NITRATE; NITROCELLULOSE
нитрошелк	COLLODION SILK; NITROCELLULOSE SILK
нить	
кордная нить	CORD
крученая нить	TWISTED FIBER
одиночная нить	FILAMENT

новолак — NOVOLAK

нож

нож (вальцов) — CUTTING BLADE

вращающийся нож с несколькими лезвиями (для резки ровницы) — MULTI-BLADED REVOLVING CUTTER

гильотинный нож — GUILLOTINE KNIFE

нож для обрезки кромок — TRIM KNIFE

нож для разрезания — CARVING KNIFE

нож для резки ровницы — ROVING CUTTER; ROVING CHOPPER

нож для рубки ровницы — ROVING CHOPPER

нож для срезания навески с вальцов — SCRAPER BLADE; MILL KNIFE

нож клеепромазочной машины — SPREADING KNIFE

подрезной нож (на вальцах) — KNIFE EDGE

нож (применяемый при нанесении лака или краски) — DOCTOR KNIFE

нож снимающий излишек покрытия — DOCTOR

снимающий нож — SCRAPER BLADE; SCRAPING KNIFE

срезающий нож — SCRAPING KNIFE; SCRAPER BLADE

нож шпредингмашины — SPREADING KNIFE

ноздреватый — BLISTERED; BLISTERY; CAVERNOUS

номер

номер сита — SCREEN SIZE

норлейцин — AMINOCAPROIC ACID

нормализация — ANNEALING

нормализовать — TEMPER

нормальность

нормальность в расчете на один килограмм раствора — WEIGHT NORMALITY

носитель — VEHICLE

НУТЧ-ФИЛЬТР

нутч-фильтр	SUCTION FILTER
обезвоживание	DEHYDRATION
обезвоживать	DEHYDRATE
обезжиривать	DEGREASE
обертка	
раскрытая обертка	RELATION WRAPPER
обессеривание	DESULFURATION
обессмоливание	DERESINATION; TAR SEPARATION
обесфеноливать	DEPHENOLIZE
обесцвечивание	DISCOLORATION; FADING; DECOLORATION; DECOLORIZATION
обесцвечивать	DECOLOR
обжиг	CALCINATION
обжигать	SCORCH
обивка	UPHOLSTERY
обкладка	SHIRT
резиновая обкладка	RUBBER LINING
обкладывание	
обкладывание резиной	RUBBER LINING
обладающий	
не обладающий хладотекучестью	UNYIELDING
область	
область сдвиговых напряжений	SHEAR ZONE
облицовка	COVERING; COATING; CLADDING; GARMENT
наружная облицовка	EXTERIOR CLADDING
пластмассовая облицовка	PLASTIC COVERING
облицовывать	FACE
обложенный	
обложенный резиной	RUBBER LINED

ОБЛУЧАТЬ

облучать	IRRADIATE; RADIATE
облучение	RADIATION
облученный	
предварительно облученный	PREIRRADIATED
обмазка	COATING
обматывать	WRAP
обматывать лентой	TAPE
обменник	EXCHANGER
обмотка	COIL; CONVOLUTION
обогащение	
магнитное обогащение	MAGNETIC SEPARATION
обогрев	
индукционный обогрев	EDDY CURRENT HEATING
обогреватель	
воздушный обогреватель	AIR HEATER
обойма	DIE BLOCK; HOLDER BLOCK (пресс.); BOLSTER (пресс.)
обойма (в формах для литья под давлением)	NEST PLATE
обойма матрицы	CHASE (пресс.)
обойма матрицы (в прессе для литьевого прессования)	CAVITY-RETAINER PLATE
обойма мундштука экструзионной головки	DIE ADAPTER
"плавающая" обойма	FLOATING CHASE
подвижная обойма	FLOATING CHASE
обойма пуансона	PLUNGER RETAINER; CAVITY RETAINER
обойма пуансона для литьевого прессования	TRANSFER PLUNGER RETAINER PLATE
обойма пуансонов	PLUNGER-RETAINER PLATE

ОБОЙМА

обойма тигля для литьевого прессования	TRANSFER CHAMBER RETAINER PLATE; TRANSFER CHAMBER RETAINER
оболочка	FILM
оболочка	SHEATH
оболочка кабеля	CABLE SHEATHING
шланговая оболочка кабеля	CABLE SHEATHING
шланговая оболочка кабеля для арктических условий	ARCTIC SHEATH
оборот	TURN
оборот пресса	PRESSING
оборудование	
вспомогательное оборудование	AUXILIARY EQUIPMENT
вулканизационное оборудование	VULCANIZING PLANT
высокочастотное оборудование	HIGH-FREQUENCY EQUIPMENT
пульверизационное оборудование	SPRAYING PLANT
обрабатываемость	MACHINING QUALITY; WORKABILITY
обрабатываемость (на станках)	MACHINABILITY
обрабатывать	TREAT; FINISH
обрабатывать азотной кислотой	NITRATE
обрабатывать в автоклаве	AUTOCLAVE
обрабатывать (по фасону)	FASHION
обработка	FINISH; TREATING; TREATMENT
обработка аппретурой	SIZING
обработка в автоклаве	AUTOCLAVING
вторичная обработка	SECONDARY TREATMENT
дополнительная обработка	ADDITIONAL TREATMENT
механическая обработка	MACHINING
окончательная обработка	FASHIONING

ОБРАБОТКА

обработка пескодувкой	SANDING
обработка пескоструйкой	SANDING
пескоструйная обработка	SANDBLAST
обработка поверхности	SURFACE TREATMENT
обработка поверхности струей взвешенного в воде абразива	WET BLAST
последующая обработка	AFTERTREATMENT; ADDITIONAL TREATMENT; AFTER TREATMENT; SECONDARY TREATMENT
предварительная обработка	PRELIMINARY TREATMENT; PRETREATMENT
обработка твердыми парафинами (поверхности пресс-формы)	WAX TREATMENT
тепловая обработка	HEAT TREATMENT
термическая обработка	HEAT TREATMENT
образец	SAMPLE
волокнистый образец	FIBER PATTERN
образец в форме двойной лопатки	DUMBBELL SAMPLE
образец в форме кубика	TEST CUBE
образец для испытания	TEST SAMPLE
образец (для испытания)	SPECIMEN
образец для испытания	TEST SPECIMEN
образец для испытания на растяжение	TENSION TEST SPECIMEN
образец для испытания с надрезом	NOTCHED TEST SPECIMEN
образец для определения текучести	FLOW PATTERN
контрольный образец	CHECK
образец с высокой степенью двойной ориентации	HIGHLY DOUBLE ORIENTED SPECIMEN
образование	
образование активных центров	NUCLEATION
образование битума	BITUMINIZATION

ОБРАЗОВАНИЕ

образование волосяных трещин	CRAZING
образование наружной корки при высыхании	CASE HARDENING
образование небольшого числа активных центров	POOR NUCLEATION
образование пенопластов	EXPANSION OF POLYMERS
образование поверхностной корки	SKINNING
образование поверхностной пленки	SKINNING
образование поперечных связей	NETWORK
образование пузырей	BULGING; BLISTERING
образование складок на пленке	CREASING OF FILM
образование следа	TRACKING
образование слоистого материала на вальцах	ROLL LAMINATING
образование смол в нефтепродуктах	ASPHALTIZATION
образование трещин	CRACKING; CRACK GROWTH
образование трещин от повторных изгибов	FLEX CRACKING
образование хлопьев	FLAKING
образование холодных полос (дефект при каландрировании)	CROW'S FEET
образование шейки (при растяжении)	NECKING
образовывать	
образовывать вздутия	BLISTER
образовывать сетчатую структуру	INTERLACE
образовывать соединения	COMBINE
обратимость	REVERSIBILITY
обратные	
обратные вихревые потоки (в экструзионной головке)	BACK EDDIES
обрезать	TRIM

ОБРЕЗКИ

обрезки	CLIPPINGS; CHIPS
льняные обрезки	LINEN CHIPS
текстильные обрезки	TEXTILE CUTTINGS
обрезки ткани	FABRIC CHIPS; FABRIC CLIPPINGS
обрезки ткани в качестве наполнителей	CHOPPED COTTON CLOTH (ан.)
хлопчатобумажные обрезки	COTTON RAGS
обрыв	
обрыв цепи	CHAIN TERMINATION; CHAIN STOPPING; END STOPPING
обтекатель	
обтекатель антенны	RADOM
обшивать	SHEATHE
обшивка	SIDING; CLADDING; COVERING; FAIRING
обшитый	
обшитый оболочкой	SHEATHED
обьем	
обьем впрыска	VOLUME-MOLDED SHOT; VOLUME MOLDED PER SHOT
обьем одной отливки	INJECTION CAPACITY (л. д.)
полный обьем рабочего канала экструдера (от переднего края приемного отверстия и до выходного края канала)	ENCLOSED VOLUME OF SCREW CHANNEL
обьем пропускаемого материала	THROUGHPUT VOLUME
обьем проходящего материала	THROUGHPUT VOLUME
удельный обьем прессовочной массы (порошкообразного прессовочного материала)	BULK VOLUME FACTOR OF MOLDING MATERIAL
удельный обьем рабочего канала экструдера (обьем, развиваемый осевым течением за один оборот вокруг оси)	DEVELOPED VOLUME OF SCREW CHANNEL
огнестойкий	FLAMEPROOF; FLAME-RESISTANT

ОГНЕСТОЙКОСТЬ

огнестойкость	FIRE RESISTANCE; FLAME RESISTANCE
ограничение	
ограничение течения	YIELD RESTRICTION
однонаправленный	
однонаправленный (о ткани)	UNIDIRECTIONAL
однородность	HOMOGENEITY
однородный	HOMOGENEOUS
одноступенчатый	SINGLE-STAGE
одношпиндельный	SINGLE-SPINDLE
озокерит	OZOKERITE
озоностойкость	OZONE CRACKING RESISTANCE
окалина	SINTER; CINDER
окисление	OXIDATION
быстрое окисление	VIGOROUS OXIDATION
медленное окисление	SLOW OXIDATION
окислять	OXIDIZE
окислять (ся)	ACIDIFY
окись	OXIDE
окись алюминия	ALUMINA
окись дифенила	DIPHENYLENE OXIDE
окись кальчия	LIME
окись углерода	CARBON MONOXIDE
окись чинка	ZINC OXIDE
окраска	PAINT; COAT; SHADE
нежная окраска	PALE SHADE
окраска пульверизачией	SPRAY COATING
окраска распылением	SPRAY COATING

ОКРАСКА

светлая окраска	LIGHTER SHADE
сильная окраска	RICH SHADE
темная окраска	DARKER SHADE
окрашенный	COLORED
окрашивать	PAINT
окружность	
начальная окружность (зубчатого колеса)	PITCH CIRCLE; TOP CIRCLE
оксикислота	HYDROXY ACID
окунание	DIPPING
горячее окунание	HOT-DIP COATING
окунанием	
покровный слой, полученный окунанием	DIP COAT
окунать	DIP
олифа	BOILED LINSEED OIL
олово	TIN
опалять	SCORCH
операция	
отделочная операция	FINISH
операция прессования	PRESSING
опилки	SAWDUST
древесные опилки	SAWDUST
тонкие опилки	SWARF
оплетка	
оплетка трубы	CANE WEBBING
опока	CASTING BOX
опора	THRUST
оправка	MANDREL

ОПРАВКА

оправка для остывания (пресс-изделий)	COOLING JIG; COOLING FIXTURE
кольчевая оправка для развальчовки	BEADING RING
определение	
определение вязкости методом падающего шарика	FALLING-BALL VISCOSITY METHOD
количественное определение	QUANTITATIVE TEST
определение ориентачионной усадки	ORIENTATION SHRINKAGE TEST
определение пластичности по Муни	MOONEY PLASTICITY TEST
определять	
определять положение дефекта	LOCATE A FLAW
опробование	TESTING
опробывать	SAMPLE
опускать	
опускать (пуансон)	DESCEND
опускаться	SINK
опылитель	DUSTING MACHINE
опыт	TEST; TRIAL
контрольный опыт	BLANK TRIAL; BLANK TEST
слепой опыт	BLANK TEST; BLANK TRIAL
органогель	ORGANOGEL
органозоль	ORGANOSOL
ориентачия	
одноосная ориентачия	UNAXIAL ORIENTATION
ориентирование	
ориентирование в двух взаимно-перпендикулярных направлениях	BIAXIAL ORIENTATION
ориентирование в одном направлении	UNAXIAL ORIENTATION
ортокрезол	ORTHOCRESOL
осадка	SAG

ОСАДКООБРАЗОВАНИЕ

осадкообразование	PRECIPITATION
осадок	PRECIPITATE; RESIDUE; SEDIMENT
студенистый осадок	GEL
уплотненный осадок на фильтре	CAKE
осаждать	
осаждать (ся)	PRECIPITATE
осаждаться	SETTLE
осаждение	SEDIMENTATION; PRECIPITATION
осажденный	PRECIPITATED
осветление	
осветление масла	BREAKING OF OIL
освобождать	RELEASE
оседание	SEDIMENTATION; SAG
оседать	SAG; SETTLE; SINK
осколок	SPLINTER
осмоление	ASPHALTIZATION
осмолять	RESINATE; RESINIFY
осмометр	OSMOMETER
осмос	OSMOSIS
оснастка	BAGGING MATERIAL; MOULDING TOOL
основа	WARP; BASE; BODY
цветная основа	COLORED WARP
основание	BASE; PAD; BED PLATE
оставаться	
оставаться постоянным	TO BE UNAFFECTED
остатки	
кубовые остатки	RESIDUAL OIL

остаток	RESIDUE
остаток на сите	SIEVE RESIDUE
осушающий	DESICCANT
осушитель	DESICCANT; DEHUMIDIFIER
отбеливатель	DECOLORANT
отбеливать	BLEACH
отбор	
автоматический отбор проб	MECHANICAL SAMPLING
отбор пленки с экструдера на приемные вальцы	HAUL-OFF
отбор проб	SAMPLING
отбортовка	FLANGING
отвальцовывать	TO ROLL OUT
отвердевание	FREEZING; SOLIDIFICATION
отвердитель	HARDENING AGENT; CURING AGENT; HARDENER
кислотный отвердитель	ACID CATALYST
отверждаемый	
отверждаемый на холоду	COLD SET
отверждать	SOLIDIFY; CURE; BAKE; HARDEN
отверждать (ся)	TO SET UP
отверждающийся	
отверждающийся на холоду	COLD-SETTING
отверждение	CURE; CURING; BAKING; SETTING; HARDENING
быстрое отверждение	FAST SETTING; QUICK CURING
отверждение в прессе	PRESS CURE
горячее отверждение	HEAT CURE
двухстадийное отверждение	TWO-STEP CURE

ОТВЕРЖДЕНИЕ

дополнительное отверждение литых смол	CASE HARDENING
дополнительное отверждение	POST-CURING
отверждение на холоду	COLD HARDENING; COLD SETTING
неполное отверждение	PRECURE; PREMATURE CURING
одностадийное отверждение	ONE-STEP CURE
последующее отверждение	AFTER-BAKE; AFTER-HARDENING
постадийное отверждение	STEP-UP CURE
предварительное отверждение	PRECURING
отверждение при нагревании	HEAT SETTING
отверждение при низких температурах	LOW BAKING
отверждение смолы	BAKING OF RESIN
ступенчатое отверждение	STEP-UP CURE
холодное отверждение	COLD CURE

отверстие

отверстие в корпусе экструдера для присоединения индикатора давления	PRESSURE TAP
выпускное отверстие	SPOUT
выходное отверстие в валу червяка	SCREW VENT (экстр.)
выходное отверстие мундштука	ORIFICE (экстр.)
выходное отверстие экструдера	EXTRUDER BORE
глухое отверстие	BLIND HOLE
отверстие для арматуры (в пресс-формах)	INSERT HOLE
отверстие для ввода пара (в полость формы)	STEAM JET
отверстие для впуска воздуха	AIR INLET
отверстие для направляющих колонок	DOWEL HOLE (пресс.)
несквозное отверстие	BLIND HOLE
питающее отверстие	FEED OPENING; FEED THROAT (экстр.)

ОТВЕРСТИЕ

прямоугольное отверстие решета	SLOT MESH
разгрузочное отверстие (отверстие в экструзионном мундштуке для выхода избытка массы)	BACK PRESSURE-RELIEF-PORT
щелевидное отверстие	SLOTTED OPENING
отгибание	
отгибание краев	FLANGING
отгибание кромок	FLANGING
отгонять	
отгонять паром	TO STEAM OUT
отделка	FINISHING; FINISH; COVERING
глянцевая отделка	GLOSS FINISH
отделка (изделий из термопластов)	FASHIONING
матовая отделка	DULL FINISH; MATTED FINISH
поверхностная отделка	SURFACE FINISH
отделка под дерево	WOOD GRAIN FINISH
отделывать	FINISH; FASHION; FACE
отжиг	ANNEALING
отжигать	TEMPER
отжим	
отжим смолы	RESIN STREAK
отклонение	DEVIATION
отклонение в деформации	STRAIN DEVIATION
допускаемое отклонение	TOLERANCE; PERMISSIBLE VARIATION
стандартное отклонение	STANDARD DEVIATION
отклонять	
отклонять (ся)	DEFLECT
открывание	
открывание пресс-формы для выпуска газов и паров	BREATHING A MOLD

ОТКРЫВАТЬ

открывать

открывать форму для выпуска газов и паров — TO RELEASE THE MOLD

отливать — INJECT; CAST

отливать в форму — TO INJECT INTO A MOLD

отливать вхолостую — TO INJECT INTO THE AIR

отливка — MOLDING; CASTING

отливка (вместе с литниками) — INJECTION SHOT

дефектная отливка — SPOILED CASTING

пористая отливка — BLISTERED CASTING

отлип — AFTER-TACK; TACK

отлипа

без отлипа — TACK-FREE

отметка

контрольная отметка — BENCH MARK

отмывать

отмывать паром — TO STEAM OUT

отношение — RATIO

отношение веса стекловолокна к смоле — GLASS-TO-RESIN RATIO

отношение глубин первого и последнего витков червяка — CHANNEL DEPTH RATIO (экстр.)

отношение длины червяка к диаметру цилиндра экструдера — DRAW RATIO; L/D RATIO

отношение длины экструдера к его диаметру — EXTRUDER LENGTH TO DIAMETER RATIO

отношение прочности в мокром и сухом состоянии — WET/DRY TENACITY RATIO

отношение прочности к весу (характеристика формы) — STRENGTH-TO-WEIGHT RATIO

отпечатки

отпечатки дефектов плит — PLATEN MARKS

ОТПОЛИРОВАННЫЙ

отполированный	
зеркально отполированный	POLISHED TO A MIRROR FINISH
отпрессованный	
отпрессованный по заказу	CUSTOM MOLDED
отрыв	
отрыв литника	SPRUE BREAK
отсек	CHAMBER
отскок	REBOUND
отслаивание	SCALING
отслаивание (пленки)	PEELING
отслаивать	SCALE
отсортированный	
отсортированный по крупности	SIZED
отсос	
отсос воздуха	EXHAUST AIR
отстаивание	CREAMING; SEDIMENTATION
отстаиваться	SETTLE
отстой	SEDIMENT
отстойник	DEWATERING TANK; FIXED VESSEL
отсутствие	INCOHERENCE
отсутствие адгезии	INADHESION
отсутствие пористости	IMPOROSITY
отсутствие связности	INCOHERENTNESS; INCOHESION
отсутствие сцепления	INADHESION; INCOHESION
отсчет	
отсчет от нуля	ZERO READING
отсчет по шкале	DIAL GAUGE READING
оттаивать	THAW

оттенок	TINT
насыщенный оттенок	HEAVY SHADE
оттенять	TINT
оттягивать	
оттягивать (при экструзии)	TAKE OFF
отход	
отход (в тигле-литьевой пресс-формы)	CULL
отходы	CHIPS; CLIPPINGS; TAILINGS; SCRAP
древесные отходы	CHIP WOOD
отходы пластмасс	PLASTICS SCRAP
пластмассовые отходы	PLASTICS SCRAP
повторно перемолотые отходы	REGROUND MATERIALS
повторно переработанные отходы	REGROUND MATERIALS
отходы при обрезке	TRIMMING
отходящий	EFFLUENT
отчеплять	ELIMINATE
отщепление	REMOVAL
отщеплять	TO SPLIT OFF
охлаждать	QUENCH; CHILL; COOL
охлаждение	COOLING; CHILLING; QUENCHING
аблятивное охлаждение	ABLATIVE COOLING
водяное охлаждение	WATER QUENCH
воздушное охлаждение	AIR COOLING; SELF-COOLING
кольцевое водяное охлаждение	CIRCULAR WATER CIRCUIT
медленное охлаждение	SLOW COOLING
оценка	
качественная оценка	QUALITY GRADE

очесы

текстильные очесы	TEXTILE FLOCKS
хлопковые очесы	COTTON FLOCKS; CHOPPED COTTON FABRIC (ан.); CHOPPED COTTON CLOTH (ан.)

очистка

очистка (поверхности пескоструйным аппаратом)	ABRADING

очищать

очищать (поверхность пескоструйным аппаратом)	ABRADE

падать	TUMBLE

падение

падение вакуума	BREAKING OF VACUUM
падение давления	PRESSURE DROP

пакет

пакет (заготовка при производстве фанеры)	BALE
пакетирование	LAMINATING

память

упругая память (восстановление первоначальной формы, обычно после нагрева)	ELASTIC MEMORY
память формы (тела)	ELASTIC RECOVERY; PLASTIC RECOVERY

панель

слоистая панель, армированная стеклом	GLASS-REINFORCED PANEL
панель управления гидравлической системой литья	INJECTION HYDRAULIC CONTROLS
папшер	GUILLOTINE
пар	STEAM
водяной пар	STEAM

ПАР

пар высокого давления	HIGHLY COMPRESSED STEAM
насыщенный пар	SATURATED STEAM; SATURATED VAPOUR
острый пар	LIVE STEAM
перегретый пар	SUPERHEATED STEAM
паракрезол	PARACRESOL
параметр	VARIABLE
воздействуемый параметр	MANIPULATED VARIABLE
парафин	WAX; PARAFFIN
неочищенный парафин	CRUDE WAX
парафинирование	WAXING
парафинированный	WAXED
паронепроницаемый	STEAM TIGHT
парообразование	VAPORIZATION
паропроницаемость	WATER VAPOUR PERMEABILITY
партия	
партия материала, изготовляемого единовременно	BATCH
парусина	SAIL CLOTH; TARPAULIN
паста	PASTE
густая паста	STIFF PASTE
жидкая паста	LIGHT PASTE; RUNNY PASTE; THIN PASTE
крутая паста	THICK PASTE
патрица	PATRIX; MALE MOLD
патрон	
картонный патрон	CARDBOARD SLEEVE
нагревательный патрон	CARTRIDGE HEATER
патроны	
вставные обогревательные патроны	CARTRIDGE SHELLS

ПАТРУБОК

патрубок	AIR FEEDER
патрубок для термометра	THERMOMETER BOSS
распределительный патрубок	PIPE MANIFOLD
пек	PITCH; ARTIFICIAL ASPHALT
пек древесного дегтя	WOOD PITCH
древесный пек	WOOD PITCH
пек из газового дегтя	GASWORKS TAR PITCH
пек из дегтя (при производстве водяного газа)	WATER-GAS PITCH
каменноугольный генераторный пек	PRODUCER GAS COAL TAR PITCH
каменноугольный пек	COAL TAR ASPHALT
сланчевый пек	SHALE TAR PITCH
пена	FOAM; FROTH
пенетрачия	PENETRATION
пенетрометр	
пенетрометр (прибор для испытания пластических тел на пенетрачию)	PENETROMETER
пенистый	FROTHY
пениться	FOAM
пеногаситель	ANTI-FOAM; ANTIFOAM AGENT; DEFOAMING AGENT
пенообразование	SPURGING
пенообразователь	FROTHING AGENT; FROTHER
пенопласт	FOAM; PLASTIC FOAM; FOAMED PLASTICS
виниловый пенопласт	VINYLIC FOAM
жесткий пенопласт	RIGID FOAM
пенопласт с закрытыми порами	CLOSED CELL FOAM; CLOSED CELL FOAMED PLASTICS
пенопласт с открытыми порами	OPEN-CELL FOAMED PLASTICS; OPEN CELL FOAM

фенольный пенопласт	PHENOLIC FOAM
пенопласты	FOAM MATERIALS
ориентированные пенопласты	ORIENTATED PLASTIC FOAMS
пенополистирол	EXPANDABLE POLYSTYRENE
пенополиуретаны	URETHANE FOAMS
пеноудаление	DEFOAMING
пеноудаляющий	DEFOAMING
пеноуничтожающий	DEFOAMING
пенящийся	FROTHING; SPURGING
пептизатор	PEPTIZING AGENT
пептизация	PEPTIZATION; PEPTIZING
пергамин	GLASSINE
перебои	
перебои в скорости движения (пуансона)	BREAK-AWAY SPEED
перевальцевание	DEAD ROLLING
перевальцовывать	TO MILL TO DEATH
переводить	
переводить в нерастворимую форму	INSOLUBILIZE
перегонка	DISTILLATION
молекулярная перегонка	MOLECULAR DISTILLATION
перегонка с водяным паром	WET DISTILLATION
сухая перегонка хвойной древесины	SOFT WOOD DISTILLATION
перегонять	STILL
перегрев	OVER-HEATING
перегрузка	EXCESS LOAD; OVERLOADING
перегруппировка	MIGRATION
перегруппировываться	MIGRATE
передавать	TRANSFER

ПЕРЕДАЧА

передача	TRANSFER
дифференциальная передача	DIFFERENTIAL GEAR
ступенчатая зубчатая передача	VARIABLE-SPEED GEAR
цилиндрическая зубчатая передача	SPUR GEAR
червячная передача	WORM GEAR
передвигаться	MIGRATE
передерживать	
передерживать (при отверждении)	OVERCOOK
передержка	OVERCOOK
передержка (при отверждении)	OVERCURING
перекись	PEROXIDE
перекись ацетила	ACETYL PEROXIDE
перекись дикумила	DICUMYL PEROXIDE
перемешивание	INTERMIXING; AGITATING; AGITATION; COMPOUNDING; STIRRING
длительное перемешивание	CONSTANT STIRRING
постоянное перемешивание	CONSTANT STIRRING
равномерное перемешивание	ADEQUATE MIXING
хорошее перемешивание	ADEQUATE MIXING
перемешивать	AGITATE
перемешивающий	AGITATING; INTERMIXING
перемещать	TRANSFER
перемещаться	MIGRATE
перемещающийся	INTERBEDDED
перемещение	TRANSFER
перенесение	TRANSFER
переносить	TRANSFER
переохлаждение	SUPERCOOLING; SUBCOOLING

ПЕРЕПАД

перепад	
перепад давления	PRESSURE GRADIENT
переплетение	INTERTANGLING
переплетение ткани	TEXTURE OF CLOTH
переработка	FABRICATING
перескок	MIGRATION
переслаивать	STRATIFY
переслаивающийся	INTERBEDDED
пересушенный	OVERDRIED
перетягивание	FINISH DRAWING
переход	
(Фазовый) переход второго рода	SECOND ORDER TRANSITION
(Фазовый) переход первого рода	FIRST ORDER TRANSITION
период	
период полураспада	HALFLIFE
период последующего отверждения для достижения конечной прочности (о клее)	JOINT CONDITIONING TIME
период релаксации	RELAXATION TIME
перпендикулярно	
перпендикулярно слоям	FLATWISE
пескодувка	SAND BLOWER
пескоструйка	SAND BLOWER
песок	SAND
петля	
петля гистерезиса	HYSTERESIS LOOP
печатание	
печатание на пленке	FILM PRINTING
ситовое печатание	SCREEN PRINTING

ПЕЧЬ

печь	
печь для термообработки	TREATING OVEN
закалочная печь	HARDENING FURNACE
конвекционная печь	CONVECTION OVEN
полимеризационная печь	POLYFURNACE
сушильная печь	TREATING OVEN
пигмент	PIGMENT; COLORING AGENT
минеральный пигмент	MINERAL PIGMENT
органический пигмент	ORGANIC PIGMENT
пигмент-наполнитель	LOADING PIGMENT
пик	
пик на экзотермической кривой	PEAK EXOTHERM TEMPERATURE
пикнометр	DENSITY BOTTLE; SPECIFIC GRAVITY BOTTLE
пироксилин	COLLODION COTTON
пиролиз	PYROLYSIS
пиролиз связующего	BINDER PYROLYSIS
пистолет	
пистолет для пламенного напыления	FRAME-SPRAYING GUN
пистолет для сварки термопластов	WELDING PISTOL
распылительный пистолет с двумя форсунками	TWO-NOZZLE GUN
сварочный пистолет	WELDING GUN; WELDING TORCH
питание	FEEDING; FEED
автоматическое питание	FEED CONTROL
избыточное питание	OVER FEEDING
недостаточное питание	UNDER FEEDING
принудительное питание	FORCED FEEDING
питатель	FEEDER; HOPPER

ПИТАТЕЛЬ

автоматический питатель	AUTOMATIC FEEDER
дисковый питатель	FEED DISK
ленточный питатель	BELT FEEDER; FEED BENDING
одновалковый питатель	SINGLE-ROLL FEEDER
секторный питатель	STAR FEEDER
тарелочный питатель	FEED DISK
тарельчатый питатель	TABLE FEEDER; ROTATING PLATE; FEED TABLE; REVOLVING FEED TABLE
питатель-дозатор	BATCHER
питать	FEED
плавить	FUSE; FLUX; MELT
плавка	FUSION
плавкий	FUSIBLE
плавление	FUSION
плавучесть	BUOYANCY
плавучий	BUOYANT
плакировать	COAT
плакировка	COAT
планка	
выталкивающая планка	EJECTION BAR
защитная планка	COVER STRIP
направляющая планка (деталь к вальцам)	GUIDE PLATE
опорная планка	PRESSURE PAD (пресс.)
соединительная планка выталкивателя	EJECTION TIE-BAR (пресс.); EJECTOR CONNECTING BAR (пресс.)
упрочняющая планка	COVER STRIP
планшайба	FACE PLATE
пласт	BED

ПЛАСТИГЕЛЬ

пластигель	PLASTIGEL
пластизоль	
пластизоль (поливинилхлоридная паста)	PLASTISOL
пластик	PLASTICS
гибкий пластик	FLEXIBLE PLASTICS
декоративный пластик	DECORATIVE LAMINATE
древесный слоистый пластик	WOOD LAMINATE; DENSIFIED LAMINATED WOOD
листовой слоистый пластик	LAMINATED SHEET; FLAT-SHEET LAMINATE; LAMINATED FOIL
механически вспененный пластик (напр. углекислым газом)	MECHANICAL FOAMED PLASTICS
недостаточно отвержденный пластик	COKEY
облицовочный пластик	DECORATIVE LAMINATE
плотный слоистый пластик (слоистый пластик, в котором отсутствуют пустоты)	VOID-FREE LAMINATE
связующий пластик	PLASTIC BINDER
слоистый бумажный пластик	LAMINATE PAPER BASE
слоистый древесный пластик	LAMINATED WOOD
слоистый пластик	LAMINATED MATERIAL
слоистый пластик для последующего формования	POST FORMING SHEET
слоистый пластик из поливинилхлорида, связанного армированной полиэфирной смолой	PVC/RP LAMINATE
слоистый пластик на бумажной основе	PAPER LAMINATE
слоистый пластик на основе синтетических смол	SYNTHETIC RESIN BONDED LAMINATE
слоистый пластик на основе ткани	CLOTH LAMINATE; LAMINATED CLOTH
слоистый пластик с перекрестным расположением слоев	CROSS LAMINATING SHEET

ПЛАСТИК

слоистый тканевый пластик	LAMINATE FABRIC BASE
химически вспененный пластик	CHEMICALLY FOAMED PLASTICS
эластичный пластик	FLEXIBLE PLASTICS
ячеистый пластик (пенопласт, поропласт)	CELLULAR PLASTICS
пластикат	
поливинилхлоридный пластикат	VINYL BLEND
пластикатор	SCREW KNEADING MACHINE
пластикация	PLASTICATION; PLASTICIZATION; FLUXING
пластикация (в экструзионной машине)	SMEARING
пластики	
акриловые пластики	ACRYLIC PLASTICS
аллиловые пластики	ALLYL PLASTICS
армированные пластики	REINFORCED PLASTICS
пластики армированные стекловолокном	FIBER GLASS REINFORCED PLASTICS
белковые пластики	PROTEIN PLASTICS
виниловые пластики	VINYL PLASTICS
вспененные пластики (пенопласты, поропласты)	EXPANDED PLASTICS
вспениваемые пластики	EXPENDABLE PLASTICS
газонаполненные пластики	EXPANDED PLASTICS
газонаполненные пластики (пенопласты, поропласты)	AERATED PLASTICS
галоидно-углеродные пластики	HALOCARBON PLASTICS
пластики для зубных протезов	DENTURE PLASTICS
естественные пластики	NATURAL PLASTICS
жесткие пластики	RIGID PLASTICS
кремнеорганические пластики	SILICONE PLASTICS

ПЛАСТИКИ

лигниновые пластики	LIGNIN PLASTICS
пластики на основе виниловых смол	VINYL PLASTICS
пластики на основе фенольных смол	PHENOPLAST
натуральные пластики (пластические массы на основе природных полимеров)	NATURAL PLASTICS
нежесткие пластики	NONRIGID PLASTICS
полиамидные пластики	POLIAMIDE PLASTICS
полиэфирные пластики	POLYESTER PLASTICS
полужесткие пластики	SEMIRIGID PLASTICS
протеиновые пластики	PROTEIN PLASTICS
слоистые пластики	LAMINATED PLASTICS; STRATIFIED PLASTICS
слоистые пластики, армированные стекловолокном	FIBER GLASS REINFORCED LAMINATES
термически вспененные пластики	THERMALLY FOAMED PLASTICS
термореактивные пластики	THERMOSETTING PLASTICS
углеводородные пластики	HYDROCARBON PLASTICS
фенольные пластики	PHENOLIC PLASTICS
целлюлозные пластики	CELLULOSE PLASTICS
пластина	
круглая пластина	DISK
пластинка	LAMINA
пластификатор	PLASTICIZER
мигрирующий пластификатор	MIGRATING PLASTICIZER
невымываемый пластификатор	NONEXTRACTABLE PLASTICIZER
невыпотевающий пластификатор	NONEXTRACTABLE PLASTICIZER
совместный пластификатор	COPLASTICIZER
фосфатный пластификатор	PHOSPHATE PLASTICIZER
фталатный пластификатор	PHTHALATE PLASTICIZER

ПЛАСТИФИКАЦИЯ

пластификация	PLASTICIZING; FLUXING
пластифицирование	PLASTICIZING
пластифицированный	PLASTICIZED
пластифицировать	PLASTICIZE; PLASTIFY
пластицирование	PLASTICIZING
пластицировать	PLASTICIZE
пластичность	PLASTICITY
пластичность по Бингаму	BINGHAM PLASTICITY
пластмасса	PLASTIC; PLASTICS
белковая пластмасса	ZEIN
пластмассовый	PLASTIC
пластмассы	
пластмассы для аблятивной защиты	PLASTIC ABLATING MATERIALS
пластмассы на основе аллиловых смол	ALLYL PLASTICS
облученные пластмассы	IRRADIATED PLASTICS
фурановые пластмассы	FURAN PLASTICS
пластограф	PLASTOGRAPH
пластомер	
пластомер (в противоположность эластомеру)	PLASTOMER
пластометр	
пластометр Муни	MOONEY VISCOSIMETER
пластометр по методу выдавливания	EXTRUSION TYPE PLASTOMETER
пластометр (прибор, измеряющий пластичность)	PLASTOMETER
пластометр с параллельными плитками	PARALLEL PLATE PLASTOMETER
пластометрия	
пластометрия (измерение пластичности)	PLASTOMETRY
пленка	LAMINA; SHEETING; SHEET; FOIL; FILM

ПЛЕНКА

ацетатная пленка	ACETATE FILM; ACETATE SHEETING
пленка без подложки	UNSUPPORTED SHEET; UNSUPPORTED SHEETING
пленка в виде ленты	PLASTIC WEB
пленка в виде трубки	TUBULAR FILM
герметизирующая пленка	SEALING FILM
пленка для упаковки	PACKAGING FILM
заделывающая пленка	SEALING FILM
защитная пленка	PROTECTING FILM
каландрированная пленка	CALENDERED FILM
клеящая пленка	ADHESIVE FILM
неориентированная пленка	NONORIENTED FILM
непрерывная пленка	CONTINUOUS SHEETING
непросохшая пленка	WET FILM
пленка ориентированная в двух взаимноперпендикулярных направлениях	BIAXIAL-ORIENTED FILM
пленка ориентированная в одном направлении	UNAXIALLY ORIENTED FILM
ориентированная пленка	ORIENTED FILM
плоская пленка	FLAT FILM
поливинилхлоридная пленка	POLYVINYLCHLORIDE FILM
поливочная пленка	CAST FILM
полипропиленовая пленка	POLYPROPYLENE FILM
полистирольная пленка	POLYSTYRENE FILM
полиэтиленовая пленка	POLYTHENE FILM
полиэтилен-терефталатная пленка	TEREPHTHALATE FILM
пленка полученная методом экструзии с последующим раздувом	BLOW-EXTRUDED FILM
пленка полученная распылением	SPUTTERED FILM
прозрачная пленка	TRANSPARENT FILM

пленка равнорастянутая в двух направлениях	BALANCED FILM
светлая пленка	CLEAR SHEET
склеивающая пленка	GLUE FILM; FILM GLUE
строганая пленка	SLICED FILM; SLICED SHEET
сырая пленка	WET FILM
трубчатая пленка	TUBULAR FILM
упаковочная пленка	PACKAGING FILM
экструдированная пленка	EXTRUDED FILM
пленкообразование	FILM FORMING
пленкообразователь	FILM FORMER
плеснестойкий	FUNGI-PROOF
плеснестойкость	FUNGINERTNESS; FUNGUS RESISTANCE
плеснеустойчивый	FUNGI-PROOF
плита	BOARD; SHEET
верхняя изолирующая плита пресса (пресс-формы)	TOP GRID
верхняя крепежная плита	UPPER PLATEN
верхняя крепежная плита (пресса)	TOP PLATE
волокнистая плита	FIBER BOARD
волокнистая плита, связанная смолой	RESIN BONDED CHIP BOARD
плита выталкивателя	EJECTOR PLATE
выталкивающая плита	REAR SHOE (л. м.)
плита выталкиваюших шпилек	KNOCK-OUT PIN PLATE (пресс.)
гравировальная плита	EMBOSSING PLATE
древесно-стружечная плита	CHIP BOARD; RESIN BONDED WOOD-WASTE BUILDING BOARD
жесткая плита	RIGID SHEET
загрузочная плита	LOADING SHOE (л. м.); LOADING BOARD; FEEDING PLATE; LOADING PLATE; LOADER

ПЛИТА

загрузочная плита стола	COUNTER TOP
зажимная плита (пресса)	CLAMPING PLATE
звукоизоляционная плита	ACOUSTIC BOARD
изолирующая плита	GRID
изолирующая плита (пресс-формы)	DIE GRID
кассетная плита (матриц или пуансонов)	SLIDING PLATE
конструкционная слоистая плита	INDUSTRIAL LAMINATE
крепежная плита	MOUNTING PLATE
крепежная плита пресса	CLAMPING PLATEN
крепежная плита (пресса)	CLAMPING PLATE
крепежная плита пресс-формы	ADAPTER PLATE; MOLD BASE
плита матриц	RETAINER PLATE; CAVITY RETAINER
монтажная плита	MOUNTING PLATE
надпрессовочная плита (плита пресс-формы, увеличивающая надпрессовочное пространство)	FILLER PLATE
нижняя изолирующая плита пресса (пресс-формы)	BOTTOM GRID
нижняя крепежная плита	LOWER PLATEN
нижняя крепежная плита (пресса)	BOTTOM PLATE
нижняя паровая плита	BOTTOM STEAM PLATE
нижняя плита	BED PLATE
обогревающая плита с круглыми каналами	HEATING PLATEN WITH BARED CHANNELS
обогревающая плита с прямоугольными каналами	HEATING PLATEN WITH BOX SECTION CHANNELS
обогревающая плита (этажного пресса)	HEATING PLATE
обогревная плита	PLATEN; STEAM PLATEN
опорная плита	SUPPORT PLATE (пресс.)
опорная плита (пресс-формы)	BACKING PLATE

ПЛИТА

плита основания	PAD
паровая плита	STEAM PLATE
передняя крепежная плита	FRONT SHOE (л. м.)
плавающая плита	FLOATING PLATEN
подвижная плита формы	MOVING MOLD PLATE
подкладочная плита	BACKING PLATE
полировочная плита	POLISHING PLATE
прижимная плита	HOLD-DOWN PLATE
промежуточная плита	BACKING PLATE
промежуточная плита (в форме для литья под давлением, состоящей из трех основных плит)	DIE PLATE
промежуточная плита этажного пресса	FLOATING PLATEN
промышленная слоистая плита	INDUSTRIAL LAMINATE
плита пуансона	FORCE PLATE; MALE CORE PLATE; PLUNGER-RETAINER PLATE; CORE-RETAINER PLATE
плита пуансонов	RETAINER PLATE
плита с древесно-стружечной сердцевиной	CHIPCORE BOARD
слоистая плита	LAMINATED SHEET
слоистая плита с металлическими прокладками (для улучшения отвода тепла)	CIGARETTE-PROOF SHEET
плита слоистого пластика	LAMINATED SYNTHETIC RESIN BONDED SHEET; LAMINATED BOARD
плита сопла	FRONT SHOE (л. м.)
плита с паровым обогревом	STEAM PLATE
сталкивающая плита	LATCH PLATE
стаскивающая плита	STRIPPER PLATE
стационарная плита	STATIONARY PLATEN
(облицовочная) стеновая плита	WALL BOARD

ПЛИТА

плита стола	TABLE TOP
строительная плита комбинированного состава	COMPOSITE BOARD
строительная плита на основе древесных отходов, пропитанных смолой	RESIN BONDED WOOD-WASTE BUILDING BOARD
сьемная плита	STRIPPER PLATE
твердая (волокнистая) плита	HARD BOARD
теплоизоляционная плита	THERMAL INSULATION BOARD
плита удерживающая оформляющую шпильку	CORE PIN PLATE
установочная плита (плита, крепленная в прессе и конструктивно связанная с пресс-формой)	FIXED PLATE
фильтрующая плита	FILTER PLATE
формованная волокнистая плита	MOLDED FIBER BOARD
формующая плита	MOLD SHOE (л. м.)
плита этажного пресса	PLATEN
плита (этажного пресса)	PLATE
плитка	
облицовочная плитка	TILE
стенная плитка	WALL TILE
плитки	
плитки для пола	FLOOR TILES
плиты	
твердые пластмассовые плиты	RIGID PLASTIC SHEETS
пломба	
свинцовая пломба	LEAD SEAL
плоскость	
плоскость смыкания пресс-формы	MOLD PARTING FACE
плоскость смыкания формы	MOLD PARTING FACE
плотность	DENSITY; CONSISTENCY

ПЛОТНОСТЬ

кажущаяся плотность (насыпного материала)	PACKED DENSITY
плотный	TIGHT; VOID-FREE; CLOSE-GRAINED
площадь	
площадь живого сечения решета	CLEAR AREA OF SCREEN
площадь живого сечения сита	CLEAR AREA OF SCREEN
площадь литья	INJECTED AREA
площадь осевого сечения рабочего канала экструдера	AXIAL AREA OF SCREW CHANNEL
площадь отжима	LAND AREA
площадь поверхности раздела	INTERFACIAL AREA
плунжер	PISTON; PLUNGER; RAM
верхний плунжер	TOP RAM
возвратный плунжер	OPENING RAM
возвратный плунжер гидравлического пресса	DRAW BACK RAM; PUSH BACK RAM
вспомогательный плунжер	AUXILIARY RAM
выталкивающий плунжер	EJECTION RAM
плунжер гидроцилиндра смыкания	CLOSING RAM
главный плунжер	MAIN RAM
дифференциальный плунжер	DIFFERENTIAL PISTON
замыкающий плунжер (плунжер пресса, удерживающий пресс-форму в зажатом состоянии)	CLAMPING PLUNGER
плунжер литьевой машины	INJECTION PLUNGER
литьевой плунжер	INJECTION RAM
нижний плунжер	BOTTOM RAM
плунжер пресса	TRANSFER PLUNGER
ретурный плунжер	DRAW BACK RAM; PUSH BACK RAM
плунжеры	
верхний и нижний плунжеры	TOP AND BOTTOM RAM

ПНЕВМАТИЧЕСКИЙ

пневматический	PNEUMATIC
пневматическое	
пневматическое распыление жидкости	PRESSURE ATOMIZATION
побежалость	BLUEING
поведение	
поведение при старении	AGEING PROPERTIES
поверхности	
поверхности покрытия (при вакуумной металлизации)	COATING SURFACES
поверхностный	
поверхностный слой	BLANKET
поверхность	
активная поверхность	ACTIVE SURFACE
поверхность вала червяка	BOTTOM OF SCREW CHANNEL (экстр.)
внутренняя оформляющая поверхность экструзионной головки	LAND
вогнутая поверхность	DISHED SURFACE
волнистая поверхность	PULLED SURFACE
граничная поверхность	INTERFACE
поверхность контактирования	INTERFACIAL AREA
морщинистая поверхность	CRUMPLED SURFACE
неровная поверхность	PULLED SURFACE
несущая поверхность	BEARING AREA
опорная поверхность	BEARING AREA
отжимная поверхность	SHEAR EDGE (пресс.); LAND SURFACE (пресс.); MATING SURFACE; FLASH LAND (пресс.); LEAK
плоская поверхность	EVEN SURFACE
пограничная поверхность жидкость-жидкость	LIQUID/LIQUID INTERFACE

ПОВЕРХНОСТЬ

поверхность скольжения	RUNNING SURFACE
торчевая поверхность пуансона	BOTTOM FACE OF DIE
шероховатая поверхность	PULLED SURFACE; ROUGH SURFACE
поворачивать	TURN
повреждение	FAILURE
повышать	
повышать величину плотности	DENSIFY
поглотитель	ABSORBENT; ABSORBER
поглощать	ABSORB
поглощающий	ABSORPTIVE
поглощение	ABSORPTION; ADSORPTION; UPTAKE
поглощение света	ABSORPTION OF LIGHT
погодостойкость	WEATHER RESISTANCE
погоны	
погоны дегтя	TAR CUTS
погружать	DIP
погружение	IMMERSION
под	BED
подавать	FEED
податливость	COMPLIANCE
подача	FEED; FEEDING; TRAVERSE
подача воздуха	AIR-FEED
избыточная подача	OVER FEEDING
недостаточная подача	UNDER FEEDING
ручная подача	HAND TRAVERSE
подача самотеком	GRAVITY FEED
подвергать(ся)	
подвергать(ся) старению	AGE

ПОДВЕРГАТЬ

подвергать	
подвергать термической обработке	BAKE
подвергаться	
не подвергаться воздействию	TO BE UNAFFECTED BY
подвижность	MOBILITY
подвод	
подвод воздуха	AIR INLET
подгонять	ALIGN
подгорание	SCORCH
подгоревший	BURNED
подготовка	PRETREATMENT
поддающийся	
не поддающийся коррозии	INCORRODIBLE
поддающийся прессованию	MOLDABLE
поддающийся формованию	MOLDABLE
поддерживающий	
не поддерживающий горения	SELF-EXTINGUISHING
подкислять	ACIDIFY
подкладка	BASE; SADDLE; SUPPORTING PILLAR; PARALLEL (пресс.); SUPPORT POST (пресс.)
тормозная подкладка	BRAKE LINING
подложка	BOTTOM
подложка (наносимая при вакуумной металлизации)	BASE COAT
поднутрение	UNDERCUT; BACK TAPER
поднутрение (в какой-л. части пресс-формы для удержания изделия при распрессовке)	HOLD-DOWN GROOVE; PICK-UP GROOVE
поднутрение на литнике	SPRUE LOCK

поднутрение (предусматриваемое в литьевой форме против центрального литника для удерживания изделия)	COLD WELL
поднутрять	UNDERCUT
подогрев	WARMING-UP
высокочастотный предварительный подогрев	HIGH-FREQUENCY PREHEATING
предварительный подогрев	PREHEATING
подогреватель	PREHEATER
инфракрасный подогреватель	INFRA-RED PREHEATER
подпрессовка	BREATHING; GASSING
подпятник	SADDLE
подслой	UNDERLAYER
подушка	SADDLE
подушка в прессах	CAUL (ам.)
нагревательная подушка	HEATING PAD
прессовочная подушка	FORMING PAD
резиновая подушка	RUBBER PAD
подцвечивание	SHADING; SHADE
подшипник	BEARING
подшипник из слоистого пластика	LAMINATED BEARING
подшипник с наружной металлической обоймой, футерованный пластиком	BEARING WITH PLASTIC LINING IN OUTER SLEEVE OF METAL
подщелачивание	ALKALIZATION
подщелачивать	ALKALIZE
подьем	STROKE
подьем в минуту	STROKE PER MINUTE
показания	
показания шкалы прибора	SCALE READING
показатель	
показатель преломления	REFRACTIVITY; REFRACTIVE INDEX

ПОКОРОБЛЕННЫЙ

покоробленный	WARPED
покров	BLANKET
покрывание	BLANKETING
покрывание консистентной смазкой	SLUSHING
покрывать	COAT
покрывать дегтем	TAR
покрывать клеем	SPREAD
покрывать(ся)	
покрывать(ся) оболочкой	FILM
покрывать(ся) пленкой	FILM
покрывать	
покрывать сажей	SOOT
покрывающий	BLANKETING
покрытие	GARMENT; COAT; CLADDING; COATING; BARRIER CREAM
вихревое покрытие (метод нанесения покрытия порошком, через который продувается струя воздуха)	FLUIDIZED-BED COATING
внешнее покрытие	EXTERIOR CLADDING
покрытие для пола	FLOOR COVERING
желеобразное покрытие	GEL COAT; GEL COAT FINISH
защитное покрытие	PROTECTIVE COATING
изолирующее покрытие для кабелей или проводов	WIRE COVERING COMPOUND
покрытие из расплава	MELT DIPPING
кабельное покрытие	WIRE COATING
матирующее покрытие	FLAT FINISH
покрытие (металлизированной под вакуумом поверхности)	TOP COAT
покрытие методом окунания	DIP COATING

ПОКРЫТИЕ

покрытие методом погружения	DIP COATING
покрытие наносимое пульверизацией	SPRAY-ON COATING
покрытие наносимое разбрызгиванием	SPRAY-ON COATING
напыленное пластмассовое покрытие (для морской упаковки)	PEEL-OFF PLASTICS COATING
наружное покрытие	FACING
наружное покрытие (для защиты металлизируемого слоя)	EXTERIOR COATING
первое покрытие	PRIMING COAT
пластмассовое покрытие	PLASTIC COVERING
пластмассовое покрытие ткани	FABRIC COATING
покрытие погружением в порошок	DIP COATING IN POWDER
покрытие под жемчуг (вакуумная металлизация)	PEARLESCENT COATING
покрытие применяемое в судостроении	MARINE FINISH COATING
покрытие при умеренной сушке	LOW BAKE COATING
покрытие проводов	WIRE COATING
покрытие проводов и кабелей	COATING OF WIRES AND CABLES
покрытие проводов пластмассой на экструдере с поперечной головкой	SIDE EXTRUSION
проводящее покрытие	CONDUCTIBLE FINISH
прозрачное покрытие	TRANSLUCENT COATING
покрытие пропусканием через ванну	DIP TANK COATING
покрытие пульверизацией	SPRAY COATING
покрытие раскатыванием	ROLLER-COATING
покрытие расплавом	HOT-MELT COATING
покрытие распылением	SPRAY COATING
сдираемое покрытие	STRIPPABLE COATING
покрытие с металлическими проблесками (вакуумная металлизация)	METALESCENT COATING

ПОКРЫТИЕ

снимаемое покрытие	STRIP COATING
покрытие экструдируемой пленкой	EXTRUSION LAMINATING
покрытый	
покрытый клеем	GUMMED
поле	
поле напряжений	STRESS FIELD
ползучесть	CREEP
полиакрилат	POLYACRYLATE
полиакрилаты	ACRYLIC PLASTICS
полиальдегиды	POLYALDEHYDES
полиамид	POLYAMIDE
гранулированный полиамид	GRANULATED POLYAMIDE
полиамид с высоким молекулярным весом	SUPERPOLIAMIDE
полиамиды	POLIAMIDE PLASTICS
полибутадиены	POLYBUTADIENES
полибутен	POLYBUTENE; POLYBUTYLENE
поливинилацетат	POLYVINYL ACETATE
поливинилиденфторид	POLYVINYLIDENE FLUORIDE
поливинилиденхлорид	POLYVINYLIDENE CHLORIDE
поливинилхлорид	POLYVINYL CHLORIDE
полидихлорстирол	POLYDICHLORSTYRENE
полиизобутилен	POLYISOBUTYLENE
поликапролактам	POLYCAPROLACTAM
поликонденсация	POLYCONDENSATION
межфазная поликонденсация	INTERFACIAL POLYCONDENSATION INTERPHASE POLYCONDENSATION
полимер	POLYMER; POLYMERIC COMPOUND
аддитивный полимер	ADDITION POLYMER

ПОЛИМЕР

аморфный полимер	AMORPHOUS POLYMER
атактический полимер	ATACTIC POLYMER
полимер атактического строения	ATACTIC POLYMER
полимер винилового соединения	VINYL POLYMER
волокнообразующий полимер	FIBER-FORMING POLYMER
восьмизвенный полимер	OCTAMER
гетероцепной полимер	HETEROGENEOUS CHAIN POLYMER
двойной полимер	DIPOLYMER
девятизвенный полимер (полимер из девяти мономерных звеньев)	NONAMER
длинноцепной полимер	LONG CHAIN POLYMER
полимер из восьми мономерных звеньев	OCTAMER
изотактический полимер	ISOTACTIC POLYMER
полимер изотактического строения	ISOTACTIC POLYMER
полимер из трех мономеров	TRIMER
полимер из четырех мономеров	TETRAMER
полимер из шести звеньев	HEXAMER
карбоцепной полимер	CARBON CHAIN POLYMER
полимер каталитической полимеризации	CATALYTIC POLYMER
конденсационный полимер	CONDENSED POLYMER
кремнийорганический полимер	POLYSILICONE
кристаллообразующий полимер	CRYSTAL-FORMING POLYMER
линейный полимер	LINEAR POLYMER
натрийбутадиеновый полимер	BUTADIENE SODIUM POLYMER
натрийдивиниловый полимер	BUTADIENE SODIUM POLYMER
полисульфидный полимер	POLYSULFIDE POLYMER
полимер полученный горячей полимеризацией	HEAT POLYMER
полимер полученный конденсацией	CONDENSATION PRODUCT

ПОЛИМЕР

полимер полученный полимеризацией на холоду	COLD POLYMER
привитой полимер	GRAFT POLYMER
полимер с длинной цепью	LONG CHAIN POLYMER
полимер с ингибитором	STOPPED POLYMER
синдиотактический полимер	SINDIOTACTIC POLYMER
полимер синдиотактического строения	SINDIOTACTIC POLYMER
стереорегулярный полимер	STEREOSPECIFIC POLYMER; STEREOBLOCK HOMOPOLYMER
стереоспецифический полимер	STEREOSPECIFIC POLYMER
трехзвенный полимер	TERPOLYMER; TRIMER
четырехзвенный полимер	TETRAMER
эмульсионный полимер	EMULSION POLYMER
полимер-гомолог	POLYMER-HOMOLOGUE
полимеризатор	POLYMERIZER
полимеризация	POLYMERIZATION
бисерная полимеризация	BEAD POLYMERIZATION
полимеризация в массе	BLOCK POLYMERIZATION; MASS POLYMERIZATION
полимеризация в растворе	SOLUTION POLYMERIZATION; SOLVENT POLYMERIZATION
полимеризация в эмульсии	PEARL POLYMERIZATION
полимеризация инициированная облучением	RADIATION-INITIATED POLYMERIZATION
полимеризация на холоду	COLD POLYMERIZATION
окислительно-восстановительная полимеризация	REDOX POLYMERIZATION
прививочная полимеризация	GRAFT POLYMERIZATION
самопроизвольная полимеризация	AUTOPOLYMERIZATION
полимеризация с образованием привитых полимеров	GRAFT POLYMERIZATION

ПОЛИМЕРИЗАЦИЯ

совместная полимеризация	COPOLYMERIZATION
стереорегулярная полимеризация	STEREOSPECIFIC POLYMERIZATION
стереоспецифическая полимеризация	STEREOSPECIFIC POLYMERIZATION
ступенчатая полимеризация	ADDITION POLYMERIZATION
суспензионная полимеризация	SUSPENSION POLYMERIZATION
термическая полимеризация	HEAT POLYMERIZATION
цепная полимеризация	CHAIN POLYMERIZATION
эмульсионная полимеризация	EMULSION POLYMERIZATION
полимеризовать	
полимеризовать (ся)	POLYMERIZE
полимерный	POLYMERIC; POLYMEROUS
полимеры	
газовыделяющие полимеры	GAS-YIELDING POLYMERS
кремнийорганические полимеры	SILICONE POLYMERS
химически модифицированные природные полимеры	CHEMICALLY MODIFIED NATURAL POLYMERS
полиметакрилат	POLYMETHACRYLATE
полиметиленовый	POLYMETHYLENIC
полиметилметакрилат	POLYMETHYLMETHACRYLATE
полимонохлортрифторэтилен	POLYTRIFLUOROCHLOROETHYLENE
полиолефин	POLYOLEFINE
полипропилен	POLYPROPYLENE
атактический полипропилен	ATACTIC POLYPROPYLENE
изотактический полипропилен	ISOTACTIC POLYPROPYLENE
полировальный	BUFFING
полирование	POLISHING; GLAZING
полированный	
полированный на прессе	PRESS POLISHED

ПОЛИРОВАТЬ

полировать	POLISH; GLAZE; BRUSH UP; BURNISH; FACE
полировка	BURNISH; ASHING; POLITURE
полировка в барабане	BARREL POLISHING; BARREL TUMBLING
полировка во вращающемся барабане	BARRELING
полировка на войлочном круге	BUFFING
полировка на прессе (между металлическими листами)	PRESS POLISH
полировка на суконном круге	BUFFING
полировка окунанием в растворитель	DIP POLISHING
полировка пламенем	FLAME POLISHING
полировка суконным кругом	MOP POLISHING
полисилоксан	POLYORGANOSILOXANE
полистирол	POLYSTYRENE; STYRENE RESIN
гранулированный вспениваемый полистирол	EXPANDABLE POLYSTYRENE BEAD
ударопрочный полистирол	IMPACT STYRENE MATERIALS
полисульфид	POLYSULFIDE
политерпен	POLYTERPENE
политура	SHEEN
полиуретан	POLYURETHANE
полихлоропрен	POLYCHLOROPRENE
полиэтилен	POLYETHYLENE; POLYTHENE
полиэтилен высокого давления	BRANCHED POLYETHYLENE; HIGH PRESSURE POLYETHYLENE
линейный полиэтилен	LINEAR POLYETHYLENE; LOW PRESSURE POLYETHYLENE
полиэтилен низкого давления	LINEAR POLYETHYLENE; LOW PRESSURE POLYETHYLENE
облученный полиэтилен	IRRADIATED POLYETHYLENE

ПОЛИЭТИЛЕН

разветвленный полиэтилен	HIGH PRESSURE POLYETHYLENE; BRANCHED POLYETHYLENE
полиэфир	POLYESTER
полиэфир (полимер простого эфира)	POLYETHER
полиэфиры	
ненасыщенные полиэфиры	UNSATURATED POLYESTERS
непредельные полиэфиры	UNSATURATED POLYESTERS
полка	
полка (сушилки)	TRAY
полоса	BAND; BAR
бесконечная полоса	ENDLESS STRIP
полоска	STRIP
уплотнительная полоска	SEALING LEDGE
полость	CHAMBER
загрузочная полость пресс-формы	CHARGE CAVITY
оформляющая полость	MOLD FORM
оформляющая полость гнезда пресс-формы	IMPRESSION; MOLD IMPRESSION
оформляющая полость матрицы	CAVITY
полость формы	CAVITY
полосы	
дымчатые полосы (в прозрачном или просвечивающемся пластике)	REAM
полуматовый	SEMI-GLOSS
полуматрица	SPLIT FOLLOWER
полупроводник	SELF-CONDUCTOR
полупрозрачный	TRANSLUCENT
полуфабрикаты	INTERMEDIATES; SEMI-FINISHED GOODS
полуформа	
верхняя полуформа	TOP MOLD HALF

ПОЛУФОРМА

нижняя полуформа	LOWER MOLD HALF
получение	
получение привитых полимеров	GRAFTING
помол	GRINDING STOCK
помола	
мокрого помола	WET GROUND
сухого помола	DRY GROUND
помутнение	HAZE; TURBIDITY; TURBIDNESS
внутреннее помутнение	INTERNAL HAZE
помутнение (пленки)	BLUSH; BLUSHING
помутнение поверхности (пластика)	SURFACE BLUSH
понижать	
понижать растворимость	INSOLUBILIZE
понижение	
понижение вязкости	VISCOSITY BREAKING
понижение температуры застывания	FREEZING-POINT DEPRESSION
понижение точки застывания	FREEZING-POINT DEPRESSION
понижение точки кипения	BOILING-POINT DEPRESSION
поперек	
поперек направления волокна	ACROSS GRAIN
поперечный	CROSSWISE
поправка	
поправка на...	ALLOWANCE FOR
пора	CELL
пористость	VOID CONTENT; POROSITY
пористый	POROUS; CAVERNOUS; CELLULAR
порог	
порог коагуляции	THRESHOLD OF COAGULATION

порок	FLAW
порообразователь	EXPANDING AGENT
поропласт	FOAMED PLASTICS
поропласты	POROUS MATERIALS
порофор	BLOWING AGENT; EXPANDING AGENT; FOAMING AGENT; GAS DEVELOPING AGENT; INFLATING AGENT; SPONGING AGENT
порошкование	PULVERIZING
порошкообразный	PULVERIZED; POWDERED
порошок	POWDER
формовочный порошок	MOLDING POWDER
поро эласты	POROUS MATERIALS
порция	
первая "холодная" порция пластика, впрыскиваемая в литьевую форму	COLD SLUG
порция экструдируемого материала, впускаемая в выдувную форму	GOB
порча	
порча поверхности (при контакте с пластмассовой поверхностью)	ENVENOMATION
поршень	DASHPOT (Физ.); PISTON; PLUNGER; RAM
возвратный поршень	OPENING RAM
поршень гидравлического цилиндра привода литьевого плунжера	INJECTION HYDRAULIC PISTON
дифференциальный поршень	DIFFERENTIAL PISTON
поршень литьевой пресс-формы	POMMEL
ретурный поршень	OPENING RAM
рифленый поршень	FLUTED PLUNGER
поршень тигля	POT PLUNGER
поршень экструзионной машины	POMMEL

поры	
закрытые поры	CLOSED PORES; NON-INTERCOMMUNICATING CELLS
порядок	
ближний порядок	SHORT RANGE
порядок величины	ORDER OF MAGNITUDE
последействие	AFTER-EFFECT
упругое последействие	ELASTIC AFTER-EFFECT
последовательность	CONSISTENCY
постановка	
постановка на тип	BATCH MIXING
постоянная	
постоянная (величина)	CONSTANT
диэлектрическая постоянная	DIELECTRIC CONSTANT
постоянный	CONSTANT
постоянство	CONSISTENCY
посыпать	
посыпать песком	SAND
посыпать тальком	TALC
потери	
потери в весе	WEIGHT LOSSES
диэлектрические потери	DIELECTRIC LOSSES
потери летучих (при комнатной температуре)	AIR LOSSES
потеря	
потеря давления	PRESSURE LOSS
потеря летучих	VOLATILE LOSS
потеря напора	PRESSURE LOSS; PRESSURE DROP
потеря ширины (при вытягивании пленок и лент)	WIDTH LOSS

поток	UPFLOW
вытекающий поток	EFFLUENT
выходящий поток	EFFLUENT
главный поток (в червячном прессе)	DRAG FLOW
обратный поток	FLOW-BACK
отходящий поток	EFFLUENT
поток (перерабатываемого материала в экструдере)	FLOW PATH
появление	
появление складок (на пленке)	WRINKLING
пояс	
нагревательный пояс	HEATING TAPE (экстр.); HEATER BAND
поясок	
центрирующий конический поясок	TAPER SEAT
пребывания	
N дней пребывания в воде (испытание)	N DAYS IMMERSION
превращать	TRANSFORM; TRANSMIT
превращать(ся)	
превращать(ся) в пар	VAPORIZE
превращать	
превращать в порошок	POWDER
превращать в твердое состояние	SOLIDIFY
превращение	REACTION; CONVERSION
предел	
предел выносливости	LIMIT OF FATIQUE; ENDURANCE LIMIT; ENDURANCE STRENGTH; FATIGUE STRENGTH
предел кипения	BOILING RANGE
предел ползучести	CREEP LIMIT

ПРЕДЕЛ

предел пропорчиональности	PROPORTIONAL LIMIT
предел прочности на сжатие в направлении, перпендикулярном торчу	EDGEWISE COMPRESSIVE STRENGTH
предел прочности при кручении	TORSION STRENGTH
предел прочности при растяжении	ULTIMATE TENSILE STRENGTH
предел прочности при сжатии	COMPRESSION STRENGTH; RESISTANCE TO COMPRESSION
предел прочности при сжатии перпендикулярно слоям	FLATWISE COMPRESSION
предел прочности при скалывании	SHEAR STRENGTH
предел прочности при срезывании	SHEAR STRENGTH
предел прочности при статическом изгибе	BENDING STRENGTH; CROSS-BREAKING STRENGTH; FLEXURAL STRENGTH; TRANSVERSE STRENGTH
предел размягчения	SOFTENING RANGE
смешенный предел пропорчиональности (текучести)	OFFSET YIELD STRESS
смешенный предел пропорчиональности (при заранее заданной деформачии)	OFFSET YIELD STRENGTH
смешенный предел текучести (при заранее заданной деформачии)	OFFSET YIELD STRENGTH
предел текучести	YIELD STRENGTH; YIELD VALUE; TENSILE YIELD; YIELD POINT; FLOW LIMIT; YIELD LIMIT
предел упругости	LIMIT OF ELASTICITY
условный предел пропорчиональности	PROPORTIONAL LIMIT
предел усталости	LIMIT OF FATIQUE; FATIGUE STRENGTH; PERMANENT STRENGTH
предел усталости при изгибе	FLEXING LIFE

предотврашение

предотврашение коррозии	CORROSION PREVENTION

предохранитель

предохранитель от утомления	ANTIFATIGUE

предполимер	PREPOLYMER
предэкспандер	
предэкспандер (устройство для предварительного вспенивания)	PREEXPANDER
преломление	REFRACTION
преломляемость	REFRACTIVITY
преломлять	REFRACT
препятствия	
пространственные препятствия	STERIC RESTRICTIONS (хим.)
прерыватель	CIRCUIT BREAKER
пресс	
автоматический пресс	AUTOMATIC PRESS
брикетировочный пресс	BRIQUETTE PRESS
винтовой пресс	SCREW PRESS
вулканизационный пресс	VULCANIZING PRESS
вырубной пресс	DINTING MACHINE; STAMPING MACHINE
гидравлический пресс	HYDRAULIC PRESS
гидравлический пресс с верхним рабочим плунжером	TOP ACTION HYDRAULIC PRESS
гидромеханический пресс	HYDROMECHANICAL PRESS
двухплитный пресс	TWO-DAYLIGHT PRESS
двухчервячный пресс	TWIN SCREW; TWIN-START SCREW
двухчервячный пресс	TWIN WORM (ам.)
двухшнековый пресс	TWIN WORM (ам.)
двухэтажный пресс	TWO-DAYLIGHT PRESS
пресс для выравнивания	STRAIGHTENING PRESS
пресс для изготовления слоистых пластиков	LAMINATING PRESS
пресс для литьевого прессования (с верхним и нижним плунжером)	PLUNGER MOLDING PRESS

ПРЕСС

пресс для литьевого прессования с подвижной плитой	FLOATING PLATEN PRESS
пресс для прессования крупных блоков	BLOCK-PRESS
пресс для разъема пресс-формы	KNOCK-OUT PRESS
пресс для таблетирования	PELLETING PRESS; PREFORMING PRESS
пресс для таблетирования (порошков)	PREFORMER
пресс для упаковки	PACKING PRESS
пресс для уплотнения пресс-порошка, засыпанного в форму (на карусельном прессовочном автомате)	PREFILLING PRESS
пресс для фанеры	VENEERING PRESS
пресс для холодного выдавливания пресс-форм	HOBBING PRESS
пресс для экструзии труб	TUBE EXTRUDING PRESS; TUBE EXTRUSION MACHINE
дыропробивной пресс	PERFORATING MACHINE; PUNCH PRESS
заготовочный пресс	CLICKER PRESS
карусельный пресс	ROTARY COMPRESSION MOLDING PRESS
коленчатый пресс	TOGGLE PRESS
колонный пресс	COLUMN PRESS
кривошипный пресс	CRANK PRESS
кулачковый пресс	CAM PRESS
литьевой двухплунжерный пресс	DOUBLE RAM PRESS
механический пресс	MECHANICAL PRESS
многомундштучный пресс	MULTIPLE DIE TUBING MACHINE
многоплиточный пресс	MULTIPLE DECK PRESS; MULTI-PLATEN PRESS; MULTIPLE STAGE PRESS
многочервячный пресс	MULTI-SCREW EXTRUDER
многоэтажный пресс	MULTI-BANK PRESS; MULTI-DAYLIGHT PRESS; MULTIPLE DECK PRESS; MULTIPLE STAGE PRESS

ПРЕСС

необогреваемый пресс	COLD PRESS
обогреваемый пресс	HOT PRESS
одногорловый червячный пресс	SINGLE DIE TUBING MACHINE
одноколонный пресс	SINGLE COLUMN PRESS
одномундштучный червячный пресс	SINGLE DIE TUBING MACHINE
одночервячный пресс	SINGLE-SCREW EXTRUDER
охлаждаемый пресс	COOLING PRESS
плиточный пресс	PLATEN PRESS
полуавтоматический пресс	SEMI-AUTOMATIC PRESS
поршневой пресс профильного прессования	PISTON EXTRUSION MACHINE
пуговичный пресс	PRESS BUTTON MACHINE
рамный угловой пресс для формования	RODLESS ANGLE (MOLDING) PRESS
рихтовочный пресс	STRAIGHTENING PRESS
ротационный пресс	ROTARY COMPRESSION MOLDING PRESS
ротационный таблеточный пресс	ROTARY PREFORMING PRESS
ручной винтовой пресс	HAND SCREW PRESS
ручной пресс	HAND (OPERATED) PRESS
рычажный пресс	ARBOR PRESS
пресс с большим ходом рабочего плунжера	LONG-STROKE PRESS
пресс с верхним давлением	DOWN STROKE PRESS; TOP RAM PRESS
пресс с вращающейся головкой	TILTING HEAD PRESS
секционный червячный пресс	SECTIONAL SCREW
пресс с индивидуальным приводом	SELF-(CONTAINED) PRESS
пресс с коленнорычажным механизмом	TOGGLE LEVER PRESS
пресс с коротким ходом рабочего плунжера	SHORT-STROKE PRESS

ПРЕСС

пресс с нижним давлением	UP-STROKE PRESS; BOTTOM RAM PRESS
пресс с опрокидывающейся головкой	TILTING HEAD PRESS
пресс с паровым обогревом плит	STEAM PLATEN PRESS
пресс с поворотным верхним столом	TILTING HEAD PRESS
таблеточный пресс	PREFORMING PRESS; TABLET PRESS; TABLETING PRESS
угловой пресс	SIDERAM PRESS; ANGLE MOLDING PRESS
формовочный пресс	MOULDING PRESS
червячный пресс	EXTRUDING PRESS; EXTRUSION MACHINE; SCREW EXTRUSION MACHINE; SCREW-TYPE EXTRUSION MACHINE; SCREW KNEADER; EXTRUDER; SCREW EXTRUDER; WORM EXTRUDER; FORCER
червячный пресс без головки	HEADLESS SCREW
червячный пресс с зоной гомогенизации	METERING TYPE SCREW (экстр.)
червячный пресс с металлическим ситом	SCREW CLEANING MACHINE
штамповочный пресс	PUNCHING MACHINE; STAMPING MACHINE; DIE PRESS; CLICKER PRESS
штанцевый пресс	DINTING MACHINE
эксцентриковый пресс	ECCENTRIC PRESS
этажный пресс	DAYLIGHT PRESS; MULTI-BANK PRESS; PLATEN PRESS
пресс-автомат	FULLY AUTOMATIC PRESS
пресс-изделие	MOLDED PART; MOLDED PIECE; MOLDING; MOLDED ARTICLE
резьбовое литьевое пресс-изделие	THREADED MOLDING
слоистое пресс-изделие	LAMINATED MOLDING
пресс-изделие с наполнителем из пропитанных обрезков	MACERATE MOLDING; MACERATED FABRIC MOLDING
пресс-инструмент	MOLDING TOOL

ПРЕСС-КОМПОЗИЧИЯ

пресс-композичия	MOLDING COMPOUND
пресс-масса	MOLDING COMPOUND; COMPRESSION MOLDING MATERIAL; MOLDING MATERIAL
быстро отверждающаяся пресс-масса	FAST-CURING MOLDING COMPOUND
крезольная пресс-масса	CRESYLIC MOLDING COMPOUND
мочевино-формальдегидная пресс-масса	AMINOPLAST MOLDING COMPOSITION; AMINOPLAST MOLDING COMPOUND
пресс-масса на основе волокнистого наполнителя	FIBRE-FILLED MOLDING MATERIAL
пресс-масса наполненная нарубленной фанерой	WOOD VENEER CHIPS FILLED MOLDING COMPOUND
пресс-масса со стеклянным наполнителем для штампов	GUNK MOLDING
пресс-масса со стеклянным наполнителем для пресс-форм	GUNK MOLDING
пресс-масса с текстильным наполнителем	FABRIC-FILLED MOLDING MATERIAL
пресс-массы	
наполненные пресс-массы	FILLED MOLDING COMPOSITIONS
феноло-формальдегидные пресс-массы	PHENOLIC PLASTICS
фенолформальдегидные пресс-массы	PHENOPLAST
пресс-материал	MOLDING MATERIAL
пресс-материалы	
изоляционные пресс-материалы	MOLDED INSULATING MATERIALS
прессование	MOLDING; PRESSING
прессование банками	CAN MOLDING
прессование вакуумным мешком	VACUUM BAG MOLDING
прессование в формах	MOLD PRESSING
прессование в форме	PRESS MOLDING
гидравлическое прессование	HYDROFORMING
прессование двумя сопрягаемыми металлическими формами (стеклопластов)	MATCHED DIE MOLDING

ПРЕССОВАНИЕ

контактное прессование слоистых пластиков	CONTACT PRESSURE LAMINATING
литьевое прессование	TRANSFER MOLDING; FLOW MOLDING
литьевое прессование на прессе с верхним и нижним рабочим плунжером	HIGH-PRESSURE PLUNGER MOLDING
литьевое прессование на прессе с верхним давлением	TRANSFER MOLDING ON DOWN-STROKE PRESS
литьевое прессование на прессе с нижним давлением	TRANSFER MOLDING ON UP-STROKE PRESS
литьевое прессование при двух плунжерах (один для инжекции и второй для замыкания пресс-формы)	PLUNGER MOULDING
литьевое прессование с применением двух плунжеров (для нагнетания массы и замыкания пресс-формы)	DUPLEX MOLDING
прессование материала с наполнителем из пропитанных обрезков	MACERATE MOLDING
офсетное прессование (литье под давлением термореактивных масс с применением подогрева таблеток токами высокой частоты)	OFFSET MOLDING
прессование пенопласта с облицовкой	FOAMED SANDWICH STRUCTURE MOLDING
прессование под высоким давлением	HIGH-PRESSURE MOLDING
прессование по методу Тридайна (двухступенчатое литьевое прессование)	TRIDYNE MOLDING
прессование при низком давлении	LOW-PRESSURE MOLDING
прямое прессование	COMPRESSION MOLDING
прямое прессование под высоким давлением	HIGH-PRESSURE COMPRESSION MOLDING
прессование пульпы с отсасыванием	PULP MOLDING
прессование с высокочастотным подогревом	HEATRONIC MOLDING
прессование с дробью	SHOT BAG MOLDING
прессование слоистых изделий	LAMINATED MOLDING
прессование с одновременным вспениванием	FOAM IN PLACE MOLDING

ПРЕССОВАНИЕ

прессование с предварительным высокочастотным подогревом	HIGH-FREQUENCY MOLDING
прессование стекломата	MAT MOLDING
струйное прессование термореактивных пресс-масс	JET MOULDING
прессование текстильной крошки	MACERATED FABRIC MOLDING
ударное прессование	IMPACT MOLDING
холодное прессование	COLD MOLDING
прессование эластичным мешком	INFLATABLE BAG MOLDING
прессование эластичным мешком с помощью патрицы и матрицы	HAT PRESS MOLDING
прессование эластичным пуансоном	FOLLOW-UP PRESSURE MOLDING
этажное прессование	LAYER MOLDING; STACK MOLDING
прессованный	
прессованный между полированными листами	PLANISHED
прессовать	MOLD
прессовочный	PRESSING
прессовщик	PRESSMAN
пресс-полуавтомат	SEMIAUTOMATIC PRESS
пресс-порошок	MOLDING POWDER
прессуемость	MOLDABILITY
прессующий	PRESSING
пресс-форма	PRESS MOLD; MOLD; DIE
пресс-форма для литьевого прессования	TRANSFER MOLD
пресс-форма для литьевого прессования	TRANSFER TOOL
пресс-форма для прямого прессования	COMPRESSION MOLD
пресс-форма для струйного прессования реактопластов	JET MOLD
закрытая пресс-форма	CLOSED MOLD

ПРЕСС-ФОРМА

канальная пресс-форма	CHANNEL MOLD
кассетная пресс-форма	REMOVABLE PLATE MOLD; REMOVABLE PLUNGER MOLD; BAR MOLD
литьевая пресс-форма плунжерного типа	PLUNGER MOLD
массивная пресс-форма	SOLID MOLD
многогнездная пресс-форма	MULTIPLE CAVITY MOLD
многоместная пресс-форма	MULTIPLE CAVITY MOLD
многоместная пресс-форма с глубоко сидящими матрицами и общей загрузочной камерой	GANG MOLD
многоместная пресс-форма с общей загрузочной камерой	FLASH SUBCAVITY MOLD
пресс-форма на большой стакан	TUMBLER MOLD
нормализованная пресс-форма	UNIT MOLD
пресс-форма обогреваемая плитами	INDIRECT HEATED MOLD
V.-ообразная пресс-форма	ANGLE MOLD
опытная пресс-форма	SAMPLE MOLD
отжимная пресс-форма	OVERFLOW MOLD
открытая пресс-форма	FLASH-TYPE MOLD
открытая пресс-форма на стакан с отжимным рантом	FLASH-TYPE COMPRESSION CUP MOLD
полностью укомплектованная пресс-форма	SELF-CONTAINED MOLD
полуавтоматическая пресс-форма	SEMI-AUTOMATIC MOLD
полупоршневая пресс-форма	SEMI-POSITIVE MOLD
поршневая пресс-форма	POSITIVE MOLD
поршневая пресс-форма с отжимным рантом	LANDED PLUNGER MOLD; LANDED POSITIVE MOLD
разногнездная пресс-форма (многоместная пресс-форма для разных изделий)	COMPOSITE MOLD
ручная пресс-форма	HAND MOLD; PORTABLE MOLD

ПРЕСС-ФОРМА

сандвичевая пресс-форма	SANDWICH MOLD
пресс-форма с верхним и нижним выталкиванием	DOUBLE KNOCK-OUT MOLD
пресс-форма с внутренними обогревательными элементами	DIRECT HEATED MOLD
пресс-форма с глубоко расположенными гнездами	FLASH SUBCAVITY MOLD
пресс-форма с двумя пуансонами	DOUBLE FORCE MOLD
пресс-форма с дистанционной вилкой и пружинным подьемом матрицы	SPACER FORK AND SPRING BOX
пресс-форма с каналами	CORED MOLD
пресс-форма с надпрессовочной плитой (образующей загрузочную камеру)	FILLER PLATE MOLD
пресс-форма с надпрессовочным пространством	SUBCAVITY MOLD
пресс-форма со вставками в матрице	BUILT-UP MOLD; BUILT-UP CONSTRUCTION
пресс-форма со стаскивающей плитой	STRIPPER PLATE MOLD
пресс-форма со сьемным тиглем	SEPARATE POT MOLD
пресс-форма с отжимным рантом	FLASH MOLD
пресс-форма с паровыми каналами	STEAM-CORED MOLD
пресс-форма с передавливанием	OVERFLOW MOLD
пресс-форма с перетеканием	FLASH OVERFLOW MOLD
пресс-форма с подвижной обоймой	FLOATING CHASE MOLD
пресс-форма с разьемной матрицей	SINGLE SPLIT MOLD; SPLIT CAVITY MOLD; SPLIT CHASE MOLD; SPLIT-RING MOLD
пресс-форма с резьбовым кольцом	RING FOLLOWER MOLD
пресс-форма с составной матрицей	SPLIT-WEDGE MOLD
пресс-форма с составными щеками в матрице	SPLIT-FOLLOWER MOLD
стационарная пресс-форма	SEMI-AUTOMATIC MOLD; FIXED MOLD

ПРЕСС-ФОРМА

стационарная пресс-форма с надпрессовочным пространством	SUBCAVITY GANG MOLD
ступенчатая пресс-форма	STEPPED CAVITY MOLD
пресс-форма с увеличенной загрузочной камерой	LOADING SHOE MOLD
пресс-форма с цельной матрицей (без обоймы)	UNIT CONSTRUCTION MOLD
съемная пресс-форма	LOOSE MOLD; PORTABLE MOLD; HAND MOLD
экспериментальная пресс-форма	SAMPLE MOLD
пресс-шпан	PRESSBOARD
прибор	APPARATUS
прибор Гарднера для определения мутности пленки	GARDNER HAZEMETER
прибор для измерения газопроницаемости	GAS PERMEABILITY TESTER
прибор для измерения деформаций	STRAIN GAUGE
прибор для измерения электростатических зарядов	STATIC CHARGES GAUGE
прибор для испытания	TESTER
прибор для испытания на многократный перегиб	FOLDING TESTER
прибор для испытания на погодостойкость	WEATHEROMETER
прибор для испытания напряжений при изгибе	BENDING STRESS TESTER
прибор для испытания на сопротивление истиранию	ABRASION TESTER
прибор для испытания на старение	AGEING APPARATUS
прибор для испытания на твердость	HARDNESS TESTER
прибор для испытания прочности падающим грузом	DROP TESTER
прибор для определения мутности пленки	HAZEMETER
прибор для определения насыпного веса	APPARENT DENSITY TESTER

прибор для определения обьемного веса	APPARENT DENSITY TESTER
прибор для определения пористости	POROSITY APPARATUS
прибор для определения степени измельчения	TESTER FOR DEGREE OF GRINDING
прибор для определения температуры вспышки	FLASH POINT TESTER
измерительный прибор	GAUGE
испытательный прибор	TESTER
контрольно-измерительный прибор	CONTROLLER
самопишущий прибор для определения плотности	DENSITY RECORDER
прибор Эриксена (для определения вытяжки пленки или листового материала)	ERICHSEN TESTER
прибыль	
литейная прибыль (отход при литьевом прессовании, остающийся в тигле)	SLUG
прививать	GRAFT
прививка	GRAFT
привод	DRIVE (экстр.)
зубчатый привод	RACK-AND-PINION
привод шнека	WORM GEAR
пригорание	SCORCH
приготовление	
приготовление маточной смеси	MASTER BATCHING
придавать	
придавать жесткость	STIFFEN
придавать определенную форму	CONFIGURATE
придавать (свойства)	CONFER
придание	
придание жесткости	STIFFENING

ПРИДАНИЕ

придание матовости	DULL POLISH
придание огнестойкости	FIREPROOFING
приемник	RECEIVING BOX; RECEIVING TANK
приливы	
приливы (при литье под давлением)	TAILS
прилипание	STICKING; ADHERENCE; ADHESION
прилипать	ADHERE; STICK
прилипший	ADHERENT
применение	
применение материала во влажной атмосфере	HUMIDITY APPLICATION
примесей	
без примесей	UNBLENDED
примесь	ADMIXTURE; INTERMIXTURE; FOREIGN MATTER
примесь утяжеляющая материал	EXTENDER
принимать	TAKE OFF
присадка	ADJUVANT; ADDITIVE; ADMIXTURE; ADDITION AGENT
пленкообразующая присадка	FILM-FORMING ADDITIVE
присоединение	AFFIXTURE
присоединенный	COMBINED
приспособление	
вспомогательное приспособление	AUXILIARY ATTACHMENT
выключающее приспособление	DISENGAGING GEAR
приспособление для выравнивания давления	PRESSURE EQUALIZER
приспособление для замера силы растяжения	TENSION WEIGHING EQUIPMENT
приспособление для извлечения изделия из формы	EXTRACTOR

ПРИСПОСОБЛЕНИЕ

приспособление для нагрева	HEATER
приспособление для очистки желобков звукозаписи на виниловых грампластинках (для их повторного использования)	SOUND ERASER
приспособление для предупреждения образования складок	ANTI-WRINKLE SLAT EXPANDER; SLAT EXPANDER
приспособление для предупреждения образования вакуума	VACUUM BREAKER
приспособление для предупреждения сужения листа при каландрировании	ANTI-WRINKLE SLAT EXPANDER
приспособление для регулировки расстояния между плитами	MOLD HEIGHT ADJUSTMENT
приспособление для сохранения ширины листа при каландрировании	SLAT EXPANDER
приспособление для управления боковыми подвижными знаками пресс-формы	OFFSET CAM
желобчатое приемное приспособление	VEE-THROUGH (экстр.)
загрузочное приспособление	CHARGING TRAY (пресс.); LOADING TRAY (пресс.)
зажимное приспособление	CHUCK; CLAMPING DEVICE
защитное приспособление	SAFETY DEVICE
нажимное приспособление	LATCH
пневматически действующее зажимное приспособление	AIR-OPERATED CLAMP
приспособление служащее для вынимания изделий из формы	STRIPPING DEVICE
приспособление служащее для выталкивания изделий из формы	STRIPPING DEVICE
таблетирующее приспособление	PELLETER
тормозное приспособление	THUMBER
усадочное приспособление (для предупреждения или снижения коробления)	SHRINKAGE BLOCK
ширильное приспособление	STENTER ARRANGEMENT

ПРИСПОСОБЛЕНИЯ

приспособления	
предохранительные приспособления	SAFE GUARDS
притирать	LAP
притирка	ATTRITION
приток	INFLUENT
проба	TRIAL; TEST; SAMPLE
средняя проба	AVERAGE SAMPLE
стандартная проба	STANDARD TEST
пробка	PLUG
пробка (в каналах пресс-формы)	BAFFLE
пробка канала червяка	SCREW CORE PLUG (экстр.)
пластмассовая пробка	PLASTIC STOPPER
резьбовая пробка	SCREW PLUG; THREAD PLUG
пробой	BREAK-DOWN
пробоотборник	SAMPLER
проверка	TESTING; TEST; CHECKING
проверять	CHECK; CALIBRATE; TEST
провисать	SAG
проводимость	CONDUCTIVITY; CONDUCTANCE
объемная проводимость	BULK CONDUCTIVITY
прогиб	DEFLECTION; SAG; SET
прогибать	
прогибать (ся)	DEFLECT
продолжительность	
продолжительность срока службы	SERVICE DURABILITY
продувать	BLAST
продувка	BLOWING-OFF
продувка воздухом	AIR BLOW

продукт	
продукт без примесей	STRAIGHT PRODUCT
продукт возгонки	SUBLIMATE
продукт конденсации	CONDENSATION PRODUCT
конечный продукт	END PRODUCT
продукт присоединения	AFFIXTURE
чистый продукт	STRAIGHT PRODUCT
продукты	
основные продукты перегонки дегтя	TAR CRUDES
продукты поликонденсации	POLYCONDENSATES
проект	DESIGN
проект стандарта	TENTATIVE STANDARD
проектирование	
проектирование изделий (из пластмасс)	PRODUCT DESIGN
проектировать	DESIGN
прозрачность	CLARITY; BRIGHTNESS; TRANSPARENCY
прозрачность (пленки)	SEE-THROUGH CLARITY
прозрачный	TRANSPARENT
прозрачный для ультрафиолетовых лучей	DIACTINIC
производительность	EFFECT; CAPACITY; WORK CAPACITY
производительность пластикатора	PLASTICIZING CAPACITY
часовая производительность	LIFT PER HOUR
производительность экструдера (обычно в весовых величинах в единицу времени)	EXTRUDER OUTPUT
производить	
производить анализ	TEST
производство	
производство заготовок	BLANKING

ПРОИЗВОДСТВО	
поточное производство	FLOW LINE PRODUCTION
прокаливание	CALCINATION
прокатанный	ROLLED
прокатка	ROLLING
прокладка	GASKET; SPACER (пресс.)
изолирующая прокладка	INSULATING PAD
листовая прокладка	SHEET GASKET
промежуточная прокладка	INTERLEAF (сл. пл.)
промазанный	
промазанный клеем	GUMMED
промазка	
промазка клеем	GLUE SPREADING
промежуток	CLEARANCE
искровой промежуток	SPARK GAP
проникание	PENETRATION
проницаемость	PENETRABILITY; PERMEABILITY
диэлектрическая проницаемость	DIELECTRIC PERMITTIVITY; DIELECTRIC CONSTANT
проницаемый	
не проницаемый под давлением	PRESSURE-TIGHT
пропаривать	TO STEAM OUT
пропилен	PROPYLENE
пропиленгликоль	PROPYLENE GLYCOL
пропитанный	
предварительно пропитанный	PREIMPREGNATED
пропитка	IMPREGNATION
пропиточная	
пропиточная ванна	IMPREGNATING BATH

пропитываемость	IMPREGNABILITY
пропитывание	IMBIBING; IMPREGNATION; SATURATION
пропитывать	SATURATE; IMPREGNATE
пропитывать дегтем	TAR
пропитывать смолой	RESINATE
пропитывающийся	IMPREGNABLE
пропускаемость	THROUGHPUT
пропускать	
пропускать через каландры	CALENDER
пропускающий	
не пропускающий под давлением	PRESSURE-TIGHT
прорезь	KERF
просвет	CLEARANCE; INNER WIDTH
просвечиваемость	TRANSLUCENCY
просвечивающий	TRANSLUCENT
просеватель	SIFTER
просевать	SIFT
просеивание	SIEVING; SIFTING
просеивать	SIEVE; SCREEN (экстр.)
прослойка	
резиновая прослойка	SQUEEGEE
пространство	
пространство в пресс-форме для вытекания избытка пресс-массы	FLASH CHAMBER
вредное пространство	DEAD SPACE
загрузочное пространство	LOADING SPACE (пресс.); LOADING WELL (пресс.); LOADING CHAMBER; CHARGE CAVITY; LOADING AREA

ПРОСТРАНСТВО

кольцевое пространство	ANNULAR SPACE
мертвое пространство	DEAD SPACE; TRAPPING CORNER
мертвое пространство (участок в экструдере, на котором задерживается перерабатываемый материал)	DEAD SPOT
полое пространство	INTERSTICE (пресс.)
промежуточное пространство (в ткани)	INTERSTICE (пресс.)
проступание	BLEEDING
проступать	BLEED
проступать (напр. о клее)	TO BLEED THROUGH
проступать через поры	EXUDE
противень	CAKE PLATE; TRAY
ситчатый противень	SIEVE TRAY
противодавление	COUNTER-PRESSURE
противокоррозийный	ANTICORROSIVE
противоокислитель	ANTIOXIDANT
противостаритель	ANTIDETERIORANT; ANTIOXIDANT; ANTIAGER; AGE RESISTER
противостаритель (предохраняющий от действия света или солнечных лучей)	ANTI-SUN MATERIAL
противоток	COUNTERFLOW
противоутомитель	ANTIFATIGUE
проточки	
проточки в матрице для удержания грата	FLASH-RETAINING GROOVES
протрава	CAUSTIC
протягивание	DRAWING
протяжка	BROACHING CUTTER
профилирование	EMBOSSING; PROFILING
профиль	
гибкий профиль	FLEXIBLE SECTION (экстр.)

ПРОФИЛЬ

жесткий профиль	RIGID SECTION
литой профиль	CAST PROFILE
намотанный слоистый профиль	ROLLED AND MOLDED LAMINATED SECTION
прессованный слоистый профиль	MOLDED LAMINATED SECTION
профиль резьбы	FORM OF THREAD
слоистый коробчатый профиль	LAMINATED CHANNEL SECTION
слоистый профиль, полученный последующим формованием	POST-FORMED LAMINATED SECTION
слоистый тавровый профиль	LAMINATED T-SECTION
слоистый угловой профиль	LAMINATED ANGLE SECTION
фасонный профиль	FABRICATED SHAPE
экструдируемый профиль	EXTRUDED SHAPE; EXTRUDED SECTION; EXTRUDED ARTICLE; EXTRUDED PROFILE
профиль-каландр	EMBOSSING CALENDER
проход	THROAT
уменьшающий проход при повышении давления	DIRECT-ACTING VALVE
процеженный	STRAINED
процент	
процент растворимых в ацетоне	ACETONE SOLUBLE MATTER
процент удлинения при разрыве	TENSILE YIELD
процесс	
процесс вакуумного формования (путем вытяжки листа над выступающим пуансоном)	DRAPING
процесс выдувания	TUBULAR PROCESS
процесс вытягивания	STRETCHING RUN
необратимый процесс	NON-REVERSIBLE PROCESS
обратимый процесс	REVERSIBLE PROCESS

ПРОЦЕСС

процесс ориентации (листов или пленок)	ORIENTATION PROCESS
полунепрерывный процесс	SEMI-BATCH PROCESS
процесс получения трубчатых изделий	TUBULAR PROCESS
процесс прессования крупногабаритных изделий из стеклопластов	MARCO PROCESS
процесс производства	COURSE OF MANUFACTURE
сопловой процесс получения стеклянного волокна	STAPLE FIBRE PROCESS
прочность	DURABILITY; FIRMNESS; STRENGTH; TENACITY
прочность в мокром состоянии	WET STRENGTH
прочность в сухом состоянии	DRY STRENGTH
прочность на истирание	ABRASIVE RESISTANCE; ATTRITION RESISTANCE
прочность на отрыв	TEAR PROPAGATION STRENGTH
прочность на раздир	TEAR STRENGTH (ан.)
прочность на разрыв	TENSILE (BREAKING) STRENGTH
прочность на раскалывание	INTERLAMINAR STRENGTH (сл. пл.)
прочность на расслаивание	INTERLAMINAR STRENGTH (сл. пл.)
прочность на сжатие по Колумнару (Физико-механичсская характеристика при испытании свойств пластмасс на абляцию)	COLUMNAR COMPRESSION
прочность на смятие	BEARING STRENGTH
прочность после пребывания в воде	WET-STRENGTH
прочность связи	ANCHORING STRENGTH; ADHESION STRENGTH
прочность склейки	BOND STRENGTH
статическая прочность при длительном нагружении	LONG-TERM STRENGTH
статическая прочность при кратковременном нагружении	SHORT-TERM STRENGTH

ПРОЧНОСТЬ

прочность сцепления	ANCHORING STRENGTH; ADHESION STRENGTH
ударная прочность	IMPACT RESISTANCE
ударная прочность образца под нагрузкой	TENSILE IMPACT STRENGTH
усталостная прочность	PERMANENT STRENGTH
усталостная прочность к удару	IMPACT FATIGUE STRENGTH
электрическая прочность	DIELECTRIC STRENGTH; ELECTRIC(AL) STRENGTH
электрическая прочность при приложении напряжения в течение одной минуты	MINUTE VALUE OF ELECTRIC(AL) STRENGTH
прочный	ENDURING; FAST
прошивка	BROACHING CUTTER
проявлять	
проявлять (свойства)	DISPLAY
пружина	
возвратная пружина	RETURN SPRING
пружина отрыва литника	NOZZLE BREAK SPRING
пруток	BEAD
добавочный пруток при сварке	STRINGER BEAD
сварочный пруток	BACKING BEAD; SEALING BEAD; WELDING BEAD; SPLINE; WELDING SPLINE; FILLER ROD; WELDING ROD
сварочный пруток треугольного сечения	TRIANGULAR SPLINE
сварочный пруток трехугольного сечения	WELDING TRIANGULAR
прядение	SPINNING
мокрое прядение	WET SPINNING
сухое прядение	DRY SPINNING
прядь	STRAND
пряжа	YARN

ПРЯЖА	
бумажная пряжа	SPUN COTTON
основная крученая пряжа	TWISTED WARP YARN
синтетическая пряжа	SYNTHETIC YARN
стеклянная пряжа	GLASS YARN; SPUN GLASS
целлюлозная пряжа	CELLULOSE YARN
псевдопластический	PSEUDOPLASTIC
психрометр	WET-BULB THERMOMETER
пуансон	
пуансон (привинчивающийся к плите)	MOLDING PLUG
пуансон	PLUNGER; PATRIX; MALE MOLD; TOP FORCE; FORCE
пуансон (для вакуумного формования)	MALE DIE; POSITIVE DIE
пуансон для холодного выдавливания	HOB (пресс.)
добавочный пуансон	BOOSTER RAM
пуансон (привинчивающийся к плите)	FORCE PLUG
пуансон с отжимной поверхностью	LANDED PLUNGER
пуансон с отжимным краем	LANDED FORCE
пудра	
тальковая пудра	TALC POWDER
пузырчатый	BLISTERED; BLISTERY
пузырь	BLISTER; WINDOW
пузырь (в прозрачном пластике)	BUBBLE
маленький пузырь в изделии	SEED
открытый пузырь (дефект изделия)	OPEN BUBBLE
пуленепробиваемый	BULLET-PROOF
пульверизатор	SPRAY GUN
воздушный пульверизатор	BLOW GUN
пульверизация	PULVERIZING

пульверизировать	SPRAY
пульверизованный	PULVERIZED
пульпа	
прессованная пульпа, пропитанная смолой	MOLDED PULP PRODUCT
пучок	
пучок стекловолокна (из 60 моноволокон)	ROVING
пушеный	
пушеный (об асбесте)	FIBERIZED
пылевидный	PULVERIZED
пылеотделитель	DUST SEPARATOR
пылеотстойник	DUST COLLECTOR
пылеудалитель	DUST REMOVER
пылеулавливатель	DUST COLLECTOR
пылеуловитель	DUST SEPARATOR
пыль	
летучая пыль	FLUIDIZED DUST
пыль уносимая газами	FLUE DUST
пятна	
мутные пятна на пластике	FOGS; GREASE MARKS
пятнить	SPECK
пятно	SPECK
пятно (дефект изделия)	WINDOW
сухое пятно (дефект на поверхности слоистых пластиков)	DRY SPOT
работа	
работа поверхностного натяжения	INTERFACIAL WORK
работа трения	FRICTION WORK

РАБОТА

упругая удельная работа деформации при растяжении	ELASTIC RESILIENCE
работа упругой деформации	ELASTIC STRAIN ENERGY
работа эмульгирования	EMULSIFICATION WORK
радиатор	RADIATOR
радиация	RADIATION
радикала	
соединяющий два радикала	VALENCE BRIDGE
разбавитель	ATTENUANT; COUPLER; THINNER
летучий разбавитель	VOLATILE THINNER
сухой разбавитель	EXTENDER
разбавление	ATTENUATION
разбавлять	ATTENUATE
разброс	
разброс результатов	SCATTER OF READINGS
разбрызгивание	
разбрызгивание пульверизация	SPRAY-ON PROCESS
ручное разбрызгивание	HAND SPRAY
разбрызгивать	SPRAY
разбухать	TO SWELL UP
развальцовка	BEADING; FLARING
развальцовывать	TO SHEET OUT; TO ROLL OUT
развертка	REAMER
развертывание	
развертывание молекулы из клубка	UNCOILING OF MOLECULE
развертывать	REAM
развертывать (ся)	UNCOIL
разветвляться	BIFURCATE

РАЗГЛАЖИВАНИЕ

разглаживание	ANTI-WRINKLING
разгружать	UNLOAD
разгрузка	UNSTRESSING
разгрузка (образца для испытания)	UNLOADING
разгрузка пресс-формы	MOLD UNLOADING
разгрузка формы	DEMOLDING
раздавливать	CRUSH
раздваиваться	BIFURCATE
раздвоенный	BIFURCATE
разделение	FISSION; SEGREGATION
разделение по крупности	SIZING
разделитель	
разделитель потока	SPREADER
разделяться	
разделяться на	SEGREGATE INTO
раздробленный	
тонко раздробленный	FINELY DIVIDED
раздув	BLOW; BLOWING; INFLATION
раздувать	INFLATE
раздувать удар	BLOW
разжижать	FLUX
разжижение	ATTENUATION
разложение	DISTORTION; DESTRUCTION; DECOMPOSITION
механическое разложение	DESINTEGRATION
разложение при повышенных температурах	DISTORTION UNDER HEAT
термическое разложение	THERMAL DECOMPOSITION
разлом	BREAK

РАЗМЕР

размер	SIZE
размер гранулы	GRANULAR SIZE
размер отверстия решета	APERTURE OF SCREEN
размешивание	COMPOUNDING
размешивать	STIR
размол	GRINDING
размол в шаровой мельниче	MILL MIXING
мокрый размол	WET GRINDING
размол на мокрых бегунах	WET PAN MILLING
повторный размол	REGRINDING
размягчение	AFTER-TACK
разнимать	RELEASE
разнородность	HETEROGENEITY
разнотолшинность	UNEVENNESS
разнотонность	
разнотонность (дефект прессования)	TWO-TONE
разрез	
поперечный разрез слоистого материала	CUT-LAYERS OF A LAMINATE
схематический разрез (сечение)	DIAGRAMMATIC(AL) SECTION
разрушать	BREAK
разрушение	BREAK; FAILURE
разрушение в атмосферных условиях	WEATHERING
разрушение эмульсии	BREAKING OF EMULSION
разрыв	DISRUPTION; DISRUPTURE; TEAR; RUPTURE; SLIP PLANE
разрыв (видимый в листовом армирующем материале слоистого пластика)	PRESSURE BREAK
разрыв (в пено- и поропластах)	FISSURE
разрыв чепи	CHAIN INTERRUPTION; SPLITTING OF CHAIN

РАЗРЫВАТЬ

разрывать	TEAR
разрывной	BREAKING
разряд	
искровой разряд	SPARK TRACKING
разрядник	SPARK GAP
разъедание	CORROSION
разъединитель	CIRCUIT BREAKER
разъем	
максимальный разъем (пресс-формы)	MAXIMUM CLEARANCE
максимальный разъем пресс-формы	MOLD OPENING
разъем пресса	DAYLIGHT OPENING
ракля	DOCTOR KNIFE; DOCTOR BLADE
раковина	CRATER; OPEN BUBBLE; PIT
раковина (в отливке)	CAVERN
усадочная раковина (в прессовочных изделиях)	BUBBLE
раковистый	BLISTERED; BLISTERY
рама	HOLDER BLOCK (пресс.); FRAME
рама для растяжки	TENTER
ширительная рама	STENTER FRAME
рамка	
проволочная рамка, облицованная пластиком (для сушки посуды)	DISH DRAINER IN PLASTICS COATED WIRE
рант	RAND
отжимный рант	FLASH LAND (пресс.); CUT-OFF
раскалывать	SLIT
раскалывать (ся)	SPLINTER; SPLIT
раскалываться	CRACK
раскатка	FLARING

раскатывать	TO ROLL OUT
раскол	CRACK
расколотый	CRACKED
раскрашиваемость	CRUMBLINESS
распад	DECOMPOSITION; BREAKAGE
самопроизвольный распад	AUTODECOMPOSITION
распадаться	
распадаться на	SEGREGATE INTO
распирание	
распирание пресс-формы (от чрезмерного давления)	SWELLING OF MOLD
расплав	MELT
расплав пластика	PLASTIC MELT
расплавлять	MELT; FUSE
расплющивать	TO ROLL OUT
расползание	CREEP RUPTURE
расположение	
крестообразное расположение слоев	CROSS-BANDING
расположение слоев под углом 45°	TRANSVERSAL CROSSING
распределение	
распределение напряжений	DISTRIBUTION OF FORCES
полное и равномерное распределение	UNIFORM DISTRIBUTION
распределитель	
распределитель (тип торпеды в литьевых машинах)	PENCIL
распыление	PULVERIZING; ATOMIZATION
катодное распыление	CATHODE SPUTTERING
распыление при контактном формовании	CONTACT SPRAYING

РАСПЫЛЕНИЕ

распыление связующего	BINDER SPRAY
распыленный	PULVERIZED
распылитель	SPRAY; SPRAYER
безвоздушный распылитель	AIRLESS SPRAYER
распылять	SPRAY
рассверливать	REAM
рассев	SIFTING; SIEVING; SCREENING
рассев в цилиндрическом сите	DRUM SIFTING
грубый рассев	PRELIMINARY SIZING
тонкий рассев	FINE SIZING; FINE SCREENING
рассекатель	
вращающийся рассекатель	ROTATING SPREADER
рассекатель потока	SPREADER
рассеяние	DISPERSION
расслаивание	DELAMINATION (сл. пл.); DEMIXING; CLEAVAGE
расслаивание эмульсии	CREAMING
расслаивать	
расслаивать (ся)	DELAMINATE (сл. пл.); DEMIX
расслоение	DEMIXING
расслоение (напр. латекса)	BREAKING
расслоение (слоистого стеклопласта)	LET-GO
расслоение эмульсии	BREAKING OF EMULSION
расстояние	
расстояние в свету между плитами пресса	DAYLIGHT OPENING
расстояние в свету (просвет между плитами этажного пресса)	DAYLIGHT
расстояние между электродами	SPARK GAP

РАССЫПЧАТЫЙ

рассыпчатый	FRIABLE
раствор	SOLUTION
буферный раствор	BUFFER SOLUTION
раствор вискозы	VISCOSE
вязкий раствор	VISCOUS SOLUTION
вязкий раствор смолы	RESIN SYRUP
жесткий раствор	HARD MORTAR
раствор клея	SOLUTION ADHESIVE
коллоидный раствор	SOL
макательный раствор	DIPPING SOLUTION
раствор малой пластичности	HARD MORTAR
маточный раствор	MOTHER LIQUOR
насыщенный раствор	SATURATED SOLUTION
обесцвечивающий раствор	DE-INKING SOLUTION
пересыщенный раствор	SUPERSATURATED SOLUTION
щелочной промывной раствор	ALKALINE WASH
растворение	DISSOLUTION
растворимость	SOLUBILITY
растворимый	SOLUBLE
хорошо растворимый	VERY SOLUBLE
растворитель	SOLVENT; THINNER
активный растворитель	ACTIVE SOLVENT; STRONG SOLVENT
растворитель лака	VARNISH REMOVER
летучий растворитель	VOLATILE SOLVENT
растворитель на основе ацетона	ACETONE-BASED SOLVENT
сильный растворитель	STRONG SOLVENT
растворять	DISSOLVE
растекание	FLOW

РАСТЕКАНИЕ

пластическое растекание	PLASTIC YIELD
растекание смолы (при изготовлении слоистых пластиков)	RESIN FLOW
растирание	
растирание в порошок	TRITURATING
растирать	CONTUSE
растираться	
способный растираться в порошок	TRITURABLE
растрескивание	CRACKING
озонное растрескивание	OZONE CRACKING
растрескивание от напряжений под влиянием окружающей среды	ENVIRONMENTAL STRESS CRACKING
растрескивание поверхности пластика при высоких температурах	DERMATITIS
растрескивание при колебаниях температуры	THERMAL SPALLING
термическое растрескивание	TERMAL STRESS CRACKING
растрескиваться	CRAZE
раструб	PIPE SOCKET
растягивать	STRETCH; EXTEND
растягивать (ткань, пленку)	STENTER
растягивающий	TENSIBLE
растяжение	TENSION; STRETCH; STRETCHING; EXTENSION
растяжение в одном направлении	UNAXIAL STRETCHING
растяжение в поперечном направлении	TRANSVERSAL STRETCHING
растяжение в продольном направлении	LONGITUDINAL STRETCHING
всестороннее растяжение (во всех направлениях)	OMNIRADIAL STRETCHING
двухосное растяжение (в двух взаимно-перпендикулярных направлениях)	BIAXIAL STRETCHING

РАСТЯЖЕНИЕ

многоосное растяжение (в различных направлениях)	MULTI-AXIAL STRETCHING
растяжимость	EXTENSIBILITY
растяжимый	TENSIBLE
растянутый	STRAINED
расход	
расход воздуха	AIR THROUGHPUT
расход клея (на единицу площади)	GLUE SPREAD
расходомер	
расходомер жидкости	FLUID METER
расширение	EXPANSION
объемное расширение	CUBIC EXPANSION
остаточное расширение	PERMANENT EXPANSION
(линейное) термическое расширение	THERMAL EXPANSION
расширитель	
расширитель (применяемый при каландрировании для предупреждения сужения листов)	EXPANDER
расширять	EXPAND
расщепление	DELAMINATION (сл. пл.); FISSION; DECOMPOSITION; CLEAVAGE; BREAKAGE
расщепляемость	FISSILITY
расщеплять	
расщеплять (ся)	DELAMINATE (сл. пл.)
расщеплять	SLIT
расщеплять (ся)	SPLINTER; SPLIT
реагент	REAGENT
белящий реагент	DECOLORANT
реагент к которому осуществляют прививку	GRAFTING REACTANT

РЕАГЕНТ

отверждающий реагент	HARDENER
пеноуничтожающий реагент	DEFOAMER
реагент придающий клейкость	TACKINESS AGENT
реагент придающий липкость	TACKINESS AGENT
реагент уменьшающий разбрызгивание	ANTISPATTERING AGENT
реактопласты	THERMOSETTING PLASTICS
реактор	
реактор реакционный аппарат	REACTOR
реактор с рубашкой	DUPLICATOR
реакция	REACTION
реакция ведущая к уменьшению величины молекулы	DEGRADATION
реакция в паровой фазе	VAPOR PHASE REACTION
заторможенная реакция	STOPPED REACTION
реакция роста цепи	PROPAGATION REACTION
экзотермическая реакция	HEAT PRODUCING REACTION
ребра	
ребра жесткости	WEB
ребро	WEB; EDGE
регенерат	RECLAIM
регулирование	
регулирование температуры	ATTEMPERATION
регулировать	CONTROL
регулировка	ALIGNMENT; ADJUSTMENT; MAKING TRUE
автоматическая регулировка питания	FEED CONTROL
грубая регулировка	COARSE ADJUSTMENT
регулировка давления	PRESSURE ADJUSTMENT
регулировка зазора пресс-формы	CONTROL OF THE MOLD GAP

РЕГУЛИРОВКА

тонкая регулировка	FINE ADJUSTMENT
точная регулировка	FINE ADJUSTMENT
регулятор	
автоматический дросселирующий регулятор	THROTTLING CONTROLLER
автоматический регулятор	CONTROLLER
автоматический регулятор вязкости	VISCOSITY CONTROLLER
автоматический регулятор давления	PRESSURE CONTROLLER
автоматический регулятор (действующий без вспомогательного привода)	SELF-OPERATED CONTROLLER
автоматический регулятор плотности жидкости	DENSITY CONTROL VALVE
автоматический регулятор, управляющий попеременным включением и выключением	ON-AND-OFF CONTROLLER; TWO-POSITION CONTROLLER
регулятор обрыва литника	SPRUE BREAK CONTROLLER
регулятор питания	FEED REGULATOR
регулятор полимеризации	POLYMERIZATION REGULATOR; POLYMERIZATION MODIFIER
регулятор противодавления	BACK PRESSURE ADJUSTMENT SCREW
регулятор скорости впрыска	INJECTION SPEED CONTROLLER
регулятор уровня	CONSTANT LEVEL REGULATOR
фотоэлектрический регулятор	PHOTOELECTRIC (AL) REGULATOR
регулятор хода впрыска	SHOT VOLUME CONTROLLER
редоксаид	RED IRON OXIDE
режим	
температурный режим переработки	PROCESSING TEMPERATURE
резак	
резак для грата	GATE CUTTER
резак для заусенца	GATE CUTTER
резать	
резать слоями	SLICE

резервуар	TANK; VESSEL; WELL; CONTAINER
вакуумный резервуар	VACUUM PAN
резервуар из которого поступает воздух	AIR FEEDER
резервуар термометра	THERMOMETER BULB
резина	GUM; RUBBER
регенерированная резина	RECLAIMED RUBBER
резинат	RESINATE
резит	RESIT; C-STAGE
резитол	B-STAGE; RESITOL
резол	RESOL; ONE-STAGE RESIN; ONE-STEP RESIN; A-STAGE
резорцин	RESORCINOL
резорцин	RESORCIN
резьба	
американская остроугольная резьба с притуплением углов	AMERICAN NATIONAL STANDARD THREAD
резьба Витворта	WHITWORTH THREAD
внутренняя резьба	FEMALE THREAD; INTERNAL THREAD
гаечная резьба	FEMALE THREAD
двухзаходная резьба	DOUBLE THREAD
двухниточная резьба	DOUBLE THREAD
круглая резьба	KNUCKLE THREAD; ROUND THREAD
резьба левого вращения	LEFT-HAND THREAD
многозаходная резьба	MULTIPLE THREAD
многониточная резьба	MULTIPLE THREAD
наружная резьба	EXTERNAL THREAD; MALE THREAD
однозаходная резьба	SINGLE THREAD
однониточная резьба	SINGLE THREAD
остроугольная резьба	SHARP V-THREAD

РЕЗЬБА	
резьба правого вращения	RIGHT-HAND THREAD
прессованная резьба	MOLDED THREAD
(наружная) прессованная резьба	MOLDED SCREW
прямоугольная резьба	SQUARE THREAD
(винтовая) резьба	THREAD
трапецеидная резьба	ACME THREAD; BUTTRESS THREAD
трехзаходная резьба	TRIPLE THREAD
трубная резьба	PIPE THREAD
унифицированная резьба	UNIFIED THREAD
резьба червяка	SCREW THREAD
червячная резьба	SCREW THREAD
рекуперация	
рекуперация растворителя	SOLVENT RECOVERY
релаксация	
релаксация напряжений	STRESS RELAXATION
реле	RELAY
реле времени	TIMING CLOCK
ремень	
клиновидный ремень	CONE BELT
шлифовальный ремень	ABRASIVE BELT
рентгеновский	X-RAY
рентгенограмма	X-RAY PATTERN
рентгенографический	X-RAY
реология	RHEOLOGY
ресивер	COMPRESSED AIR VESSEL
вакуумный ресивер	VACUUM PAN
рефракция	REFRACTION
решетка	
решетка (в головке экструдера)	BREAKER PLATE (экстр.)

РЕШЕТКА

решетка	LATTICE
решетка	SCREEN (экстр.)
молекулярная решетка	MOLECULAR LATTICE (Физ.)
предохранительная решетка	FENDER
распределительная решетка (в экструдере)	BLOCK BREAKER PLATE
регулирующая решетка	CONTROL GRID
решето	COLANDER; SCREEN (экстр.); STRAINER; SIEVE
решето с квадратными отверстиями	SQUARE MESH SCREEN
сортирующее решето	SIZING SCREEN
решето с прямоугольными отверстиями	RECTANGULAR MESH SCREEN; SLOTTED PLATE
штампованное решето с прямоугольными отверстиями	SLOT-PUNCHED PLATE
рифленый	CORRUGATED
рихтовать	STRAIGHTEN
ровница	ROVING
ровница покрытая смолой	LOADED ROVING
рог	
искусственный рог (белковый пластик)	ARTIFICIAL HORN
рогожа	MAT
розлив	LEVELLING PROPERTY (лак.)
рол	BEATER
рол для разрыва макулатуры	BROKE BEATER
смесительный рол	MIXING BEATER
ролик	ROLLER
нажимный ролик	PRESS ROLL
резиновый ролик	RUBBER ROLLER
свободный ролик	DANCER ROLL

ролики	
зажимные ролики	CLAMP ROLLS
рольганг	ROLLER GEAR BED
рольный	ROLLED
ротор	
ротор центрифуги	SEPARATING BOWL
ртуть	QUICKSILVER; MERCURY
рубашка	SHIRT; SLEEVE
водяная рубашка	WATER JACKET; WATER COLLAR
рубашка корпуса	BARREL JACKET (экстр.)
обогревающая рубашка	HEATING JACKET
охлаждающая рубашка	COOLING JACKET
рубилка	CHIPPER KNIFE; GUILLOTINE KNIFE
рукав	
рукав (пленки)	MOLTEN BUBBLE (экстр.)
рукав	TUBING
гибкий рукав	FLEXIBLE TUBING
ручка	
ручка управления	CONTROL KNOB
рыхлый	BULKY
рычаг	
выключающий рычаг	DISENGAGING LEVER
коленчатый рычаг	TOGGLE LEVER
рябины	
рябины (дефект на поверхности прессованного изделия)	PIT
ряд	
полимерный ряд	POLYMER SERIES

С

с

с внутренней пластификацией (о сополимеризации) — INTERNALLY PLASTICIZED

с крестообразным расположением слоев — CROSS-LAMINATED

с надрезом (об образце для испытания) — NOTCHED

с пневматическим приводом — PNEUMATIC

с травленой поверхностью — ACID-ETCHED

сажа — CARBON BLACK; SOOT

сальник — STUFFING BOX

самовоспламенение — AUTOIGNITION

самогасящийся — SELF-EXTINGUISHING

самогерметизация — AUTOMATIC SEALING

самозатухающий — SELF-EXTINGUISHING

самокладчик — AUTOMATIC LAYBOY

самоокисление — AUTOOXIDATION

самосклеивание — SELF-ADHERING

самосклеивающийся — SELF-ADHERENT; SELF-SEALING

самосмазывание — SELF-LUBRICATION

самоуплотнение — AUTOMATIC SEALING

самоуплотняющийся — SELF-SEALING

сатурирование — SATURATION

сатурировать — SATURATE

сбивать(ся)

сбивать(ся) в войлок — FELT

сборка — ASSEMBLY

сборка для экструзии нитей — SPINNERET ASSEMBLY

открытая сборка — OPEN ASSEMBLY

сборник — RECEIVING TANK

СБОРНИК

охлаждающий сборник	QUENCH TANK
свалянный	
свалянный под вакуумом	VACUUM-FELTED
сварка	WELDING; SEALING
сварка внахлестку	LAP WELD
высокочастотная сварка	HIGH-FREQUENCY WELDING; ELECTRONIC (HEAT) SEALING; HIGH-FREQUENCY HEAT SEALING
газовая сварка	HOT GAS WELDING
сварка горячим газом	GAS WELDING; HOT GAS WELDING
индукционная сварка	DIELECTRIC SEALING
контурная сварка	JIG WELDING
сварка мешков (для форм)	BAG SEALING
сварка нагревательным элементом	HEATING TOOL WELDING
сварка нагретым клинообразным инструментом	HEATING WEDGE WELDING
сварка Т—образных профилей с двух сторон	T-WELD
сварка пластмасс	PLASTIC WELDING
сварка под давлением и нагревом	COMPRESSION HEAT SEALING
прессовая сварка	PRESS WELDING
сварка при поворотных движениях сварочного прутка	TWIST WELDING
сварка с прижимом	PRESS WELDING
стежковая сварка	STITCH WELDING
тепловая сварка	HEAT SEALING
термическая сварка	THERMOWELD
термоимпульсная сварка	THERMAL IMPULSE WELDING; THERMAL IMPULSE HEAT SEALING
точечная сварка	SPOT WELDING
сварка трением	FRICTION WELDING

ультразвуковая сварка	ULTRASONIC SEALING
уплотняющая сварка	CAULK WELDING
сварка швом	SEAM WELDING
сварочная	
сварочная машина	WELDING PLANT
сверление	
коническое сверление	REVERSE TAPER REAM (пресс.)
свертывание	COAGULATION
свертывание молекулы в клубок	COILING OF THE MOLECULE
свертывать	
свертывать (ся)	COAGULATE
свертываться	CONGEAL; CURDLE
светопроницаемость	LUMINOUS TRANSMITTANCE
светопропускаемость	LIGHT TRANSMISSION
светопрочность	FASTNESS TO LIGHT
светопрочный	FAST TO LIGHT; FAST TO LIGHT
светорассеивание	DIFFUSION OF LIGHT
светорассеяние	LIGHT SCATTERING
светостабилизатор	LIGHT STABILIZER
светостабильность	FASTNESS TO LIGHT
светостойкий	FAST TO LIGHT
светостойкость	LIGHT STABILITY; LIGHT RESISTANCE; PHOTOSTABILITY
свиль	INTERNAL WAVINESS
свинец	
углекислый свинец	LEAD CARBONATE
свинчивать	SCREW
свободный	
свободный от пустот	VOID-FREE

СВОЙЛАЧИВАТЬ(СЯ)

свойлачивать(ся)	FELT
свойства	
литьевые свойства	INJECTION PROPERTIES
реологические свойства	FLOW PROPERTIES; RHEOLOGICAL PROPERTIES
термические свойства	THERMAL PROPERTIES
термоизолячионные свойства	ABLATIVE INSULATING QUALITY
эластические свойства	FLEXURAL PROPERTIES
связанный	COMBINED
связи	
кумулированные двойные связи	ADJACENT DOUBLE BONDS; CUMULATIVE DOUBLE BONDS
накопленные двойные связи	CUMULATIVE DOUBLE BONDS
чередуюшиеся двойные связи	ALTERNATING DOUBLE BONDS
чередуюшиеся связи	ALTERNATING BONDS
связка	BINDER
связности	INCOHERENCE
связуюшее	BINDER; BONDING; VEHICLE
связуюшее лака	NONVOLATILE VEHICLE
связуюший	ADHESIVE
связывать	BOND; BAND; TIE
связь	BOND; BONDING; COMBINATION
ачетиленовая связь	ACETYLENE BOND; ACETYLENE LINKAGE
связь главной валентности	PRINCIPAL BOND
двойная связь	DOUBLE BOND; OLEFINIC BOND; OLEFINIC LINK; OLEFINIC LINKAGE
связь добавочной валентности	AUXILIARY BOND
essential	

СВЯЗЬ

концевая двойная связь	TERMINAL OLEFINIC LINK; TERMINAL DOUBLE BOND
концевая связь	TERMINAL BOND
концевая тройная связь	TERMINAL TRIPLE BOND; TERMINAL ACETYLENE LINK
концевая этиленовая связь	TERMINAL OLEFINIC LINK
коньюгированная связь	CONJUGATED LINKAGE
связь между слоями	INTERLAMINAR BONDING (сл. пл.)
мостиковая связь	BRIDGE BOND; BRIDGING
неполярная связь	NONPOLAR LINK
одинарная связь	SINGLE LINK; SINGLE LINKAGE
поперечная связь	CROSS LINK; CROSS LINKAGE; CROSS BOND
связь по системе "голова-хвост"	HEAD-TO-TAIL
простая связь	SINGLE LINK; SINGLE LINKAGE
сопряженная двойная связь	CONJUGATED DOUBLE BOND
сопряженная связь	CONJUGATED LINKAGE
тройная связь	ACETYLENE LINKAGE; ACETYLENE BOND
химическая связь	CHEMICAL BOND
этиленная связь	OLEFINIC BOND
этиленовая связь	OLEFINIC LINK; OLEFINIC LINKAGE
сгиб	CRIMP
сгиб (напр. пленки)	EDGEFOLD
сгибать	CRIMP
сгибать (ся)	DEFLECT
сгуститель	THICKENER
сгущать	CONDENSE
сгущать (ся)	THICKEN

СГУЩАТЬСЯ

сгущаться	CONGEAL
сгущение	THICKENING
сдавливать	SQUEEZE
сдваивание	DOUBLING
сдвиг	SHEAR; SHEARING
сдирать	
сдирать полосу	STRIP
сдувка	BLOWING-OFF
сегрегация	SEGREGATION
седиментация	SEDIMENTATION
секция	
секция барабана	DRUM CELL
семя	
касторовое семя	CASTOR BEANS
сепаратор	
магнитный сепаратор	MAGNETIC SEPARATOR
циклонный сепаратор	CYCLONE SEPARATOR
сепарация	
магнитная сепарация	MAGNETIC SEPARATION
центробежная воздушная сепарация	CENTRIFUGAL AIR SEPARATION
сердечник	CORE
сердцевина	CORE
серебристость	FROSTING
сероуглерод	CARBON DISULPHIDE
сетка	
проволочная сетка	WIRE MESH SCREEN
таблеточная сетка	PREFORM SCREEN
сетки	
фильтровальные сетки (в цилиндре экструдера)	FILTER SCREENS

сетчатый	RETIFORM; RETICULATED; RETICULAR
сечение	
живое сечение	OPEN AREA
живое сечение решета	SCREENING SURFACE; OPEN SPACE OF SCREEN
живое сечение сита	OPEN SPACE OF SCREEN; SCREENING SURFACE
сечение литьевого плунжера	AREA OF INJECTION PLUNGER
поперечное сечение	CROSS SECTION
сжатие	SQUEEZE; CONTRACTION; COMPRESSION
поперечное сжатие	TRANSVERSE CONTRACTION
сжатия	
зона сжатия (червяка с равномерным внутренним диаметром резьбы)	WRAP-AROUND TRANSITION SECTION (экстр.)
сжатый	TIGHT
сжимать	THRUST; SQUEEZE; COMPRESS; COMPACT
сизаль	
сизаль (волокно)	SISAL
сиккатив	SICCATIVE; DRIER; DRYER; DESICCANT
сила	FORCE
сила адгезии	ADHESION STRENGTH
когезионная сила	COHESIVE FORCE
сила натяжения	TENSILE FORCE
сила смачивания	WETTING FORCE
сила сцепления	COHESIVE FORCE
сила тяги	TRACTION
силикагель	SILICA GEL

СИЛИКОНЫ	
силиконы	SILICONE PLASTICS
силы	
межмолекулярные силы	INTERMOLECULAR FORCES
поверхностные силы	SURFACE FORCES
синерезис	SYNERESIS
синтез	SYNTHESIS
синтетический	SYNTHETIC
сироп	SYRUP
система	
выталкивающая система	EJECTOR
система горячих литниковых каналов	HOT RUNNER SYSTEM
литниковая система	GATING
пружинная система сцепления	SPRING LINKAGE SYSTEM
система толкающих шпилек	KNOCK-OUT PIN PLATE (пресс.)
сито	STRAINER; SIEVE; SCREEN (экстр.); SHAKER
барабанное сито	REVOLVING SCREEN; ROTARY SCREEN; ROTARY TROMMEL; SCREENING TROMMEL
вибрационное сито	VIBRATING SCREEN
вибрирующее сито	SHAKING SIEVE
забившееся сито	CHOKED SCREEN
сито из ткани	TAMMY
качающееся сито	ROCKING SIEVE
металлическое сито	WIRE SCREEN; COLANDER
молекулярное сито	MOLECULAR SIEVE
проволочное сито	WIRE SCREEN
цилиндрическое сито	DRUM SIFTER; SCREENING TROMMEL
шелковое сито	BOLTING SILK; SILK BOLTING CLOTH

скашивать	BEVEL
скашивать углы	CHAMFER
скипидар	TURPENTINE
складка	CRIMP; FLEXURE
мертвая складка (сразу не разглаживающаяся)	DEAD FOLD
складка (на пленке)	WRINKLE
склеивание	GLUEING; PASTING
склеивание конструкционных деталей	CONSTRUCTIONAL GLUEING
склеивание шпона	PRIMARY GLUEING
склеивать	GLUE
склеивающий	AGGLUTINANT
склейка	
склейка при сборке	SECONDARY GLUEING
тепловая склейка	HEAT SEALING
точечная склейка	SPOT GLUEING
склонный	
склонный к полимеризации	POLYMEROUS
скоба	STAPLE
скобка	STAPLE
скоблить	SCRAPE
скользить	
способность скользить (о лакированной бумаге)	BLOCKING RESISTANCE
скопление	AGGLOMERATION
скорость	
скорость абляции	ABLATION RATE
скорость впрыска	INJECTION RATE; SPEED OF INJECTION

СКОРОСТЬ

скорость вытягивания	DRAW SPEED; HAUL-OFF RATE
скорость вытяжки	DRAW SPEED
скорость горения	BURNING RATE
скорость испытания	SPEED OF TESTING
скорость истечения	VELOSITY OF EFFLUX; RATE OF DISCHARGE
скорость литья	SPEED OF INJECTION
скорость намотки пленки	FILM WIND-UP SPEED
скорость нарастания вязкости	BODYING SPEED
скорость нарастания напряжений	STRESS RATE
окружная скорость	SPEED OF TORQUE
скорость пропитки	SATURATING SPEED
скорость пропуска материала	THROUGH-PUT RATE
скорость размыкания полуформ	MOLD OPENING SPEED
скорость разрыва	TEAR SPEED
скорость растяжения	RATE OF EXTENSION
скорость реакчии	REACTION RATE
регулируемая скорость движения (пуансона)	CONTROLLED BREAK-AWAY
скорость сдвига	RATE OF SHEAR
скорость смыкания полуформ	MOLD CLOSING SPEED
средняя скорость нагружения	MEAN RATE OF STRESSING
средняя скорость напряжения	MEAN RATE OF STRESSING
скорость червяка	SCREW SPEED (экстр.)
скос	BEVEL
скрап	SCRAP
скребок	TROWEL; DOCTOR; PLOUGH
скребок с лопаткообразными зубчами	RAKING MECHANISM
скрепление	FASTENING; CLAMPING

СКРЕПЛЯТЬ

скреплять

скреплять болтами BOLT

скрести SCRAPE

скручивать TWIST

слаболетучий NONVOLATILE

слаборастворимый SLIGHTLY SOLUBLE

слагающая COMPONENT

сланец SCHIST

слюдяной сланец SCHISTOSE MICA

сланцеватый SCHISTOSE

след TRACE

след от выталкивающей шпильки EJECTOR PIN MARK

след от литника GATE MARK

след проводящего мостика DEPOSIT TRACKING

след смазки (на литьевом изделии) SMUDGE

след смыкания пресс-формы MOLD SEAM

след смыкания формы MOLD SEAM

следы

следы встречных потоков (стык) FLOW MARKS

следы строжки SHEETER LINES

следы течения на изделии FLOW LINE

слеживаемость BLOCKING PROPERTY

слеживание BLOCKING

слеживание листов BLOCKING OF SHEETS

слипание STICKING

слипание листов BLOCKING OF SHEETS

слипание (листового материала) BLOCKING

слипаться AGGLOMERATE; COALESCE

СЛИЧАТЬ

сличать	CHECK
сложный	COMPOUND
слоистость	LAMINATION
слоистый	SCHISTOSE
слой	LAYER; LAMINA; PLY; BED; BAND
слой адсорбента	ADSORBENT BED
адсорбционный слой	ADSORBED LAYER
верхний слой (слоистого пластика)	OVERLAY
внешний слой	FACING
вторичный покровный слой (наносимый при вакуумной металлизации)	BACK COAT
грунтовочный слой	PRIMING COAT
закаленный поверхностный слой нарезки	HARDENED FLIGHT LAND
клеевой слой	GLUE LINE
слой (напр. краски)	COATING
нижний слой	BED PLATE; UNDERLAYER
пигментирующий слой (наносимый при вакуумном напылении)	COLOR COAT
поверхностный слой	SURFACE LAYER
покровный слой	COAT; COATING FILM
покровный слой, полученный окунанием	DIP COAT
промежуточный резиновый слой	SQUEEGEE
промежуточный слой	INTERLAYER; INTERLINING
промежуточный слой в безосколочном стекле	SAFETY INTERLAYER
сердцевинный слой	CORE SHEET (сл. пл.)
тонкий слой	SLICE; ATTENUATED LAYER; FILM
сломанный	TRUNCATED
слоям	
параллельно слоям	EDGEWISE (сл. пл.)

слюда	MICA
смазка	
автоматическая смазка	SELF-LUBRICATION
антикоррозионная консистентная смазка	ANTIRUST GREASE
смазка в пресс-массе (в противоположность смазыванию пресс-формы)	SELFCARRYING MOLD LUBRICANT
смазка для высокого вакуума	HIGH VACUUM GREASE
смазка для клапанов	VALVE SEAL
смазка для крана	STOP COCK GREASE
зашитная смазка	BARRIER CREAM
консистентная смазка	LUBRICATING GREASE; SLUSHING OIL
масленочная смазка	CUP GREASE
наружная смазка	EXTERNAL LUBRICATION
смазка способствуюшая раскрытию пресс-формы	MOLD LUBRICANT
твердая смазка	SOLID LUBRICANT
твердая смазка для форм	MOLDING WAX
чиркулячионная смазка (под давлением)	FLOOD LUBRICATION
сматывать	TO WIND OFF
смачиваемость	WETTABILITY; WETTING PROPERTIES
смачивание	WETTING
смеситель	MIXING VESSEL; BLENDING MACHINE; MIXING MACHINE; MASTICATOR; MIXER; BLENDER
барабанный смеситель	BARREL MIXER; CYLINDER MIXER; DRUM MIXER
барабанный смеситель вертикального типа (чилиндр и два конуса)	END-OVER-END TYPE MIXER
барабанный смеситель двухконусной конфигурачии	DOUBLE-CONE BLENDER

СМЕСИТЕЛЬ

двухконусный барабанный смеситель	CONICAL MIXER
двухчервячный смеситель	TWIN-WORM MIXER
двухшнековый смеситель	DOUBLE SPIRAL MIXER
смеситель для установки "на тип"	MIXING AND CONSTANT HEAD TANK
передвижной смеситель	TRAVELLING MIXER
смеситель периодического действия	BATCH MIXER
смеситель с воздушным перемешиванием	PACHUCA TANK
смеситель с лопастной мешалкой	ARM MIXER
смеситель с неподвижной тарелкой	EDGE-RUNNER MIXER
смеситель со сменной чашей	CHANGE-CAN MIXER
смеситель с пропеллерной мешалкой	PROPELLER MIXER
смеситель с пропеллерной мешалкой и направляющей трубой вокруг винта	PROPELLER MIXER WITH DRAUGHT TUBE
смеситель с турбинной мешалкой (имеющей полую ось для подачи жидкости)	CENTRIFUGAL IMPELLER MIXER
смеситель типа Бенбери	BANBURY MIXER
турбинный смеситель	CENTRIFUGAL IMPELLER MIXER
смесительный	BLENDING
смесь	BLEND; ADMIXTURE; COMPOUND; MIX; MIXTURE; INTERMIXTURE
азеотропическая смесь	AZEOTROPIC MIXTURE
смесь для макания	DIP MIX; DIP COMPOUND
исходная смесь	BASE MIX
клеевая смесь (клей с отвердителем)	MIXED GLUE
контрольная смесь	BLANK STOCK
криогенная смесь	CRYOGEN
макательная смесь	DIP COMPOUND
маточная смесь	MASTER BATCH
наполненная смесь	COMPOUNDED MIX (рез.)

СМЕСЬ

незамерзающая смесь	NONFREEZING MIXTURE
смесь нескольких полимеров	POLYBLEND
однородная смесь	UNIFORM MIX; EVEN BLEND
основная смесь	BASE MIX
охлаждающая смесь	FREEZING MIXTURE; CRYOGEN
смесь пластификаторов	PLASTICIZER BLEND
сажевая смесь	BLACK STOCK
смесь с большим содержанием связующего	RICH MIXTURE
смесь с малым содержанием связующего	POOR MIXTURE
смесь смол	RESINOUS COMPOSITION
смесь с усилителем	ACTIVATED STOCK
"холостая" смесь	BLANK STOCK
цветная смесь	COLORED STOCK
смешанный	MIXED
смешение	CONFUSION; MIXING
непрерывное смешение	CONTINUOUS MIXING
смешение партий	BATCH MIXING
полное смешение	THOROUGH MIXING
равномерное смешение	UNIFORM MIXING
смешиваемость	
взаимная смешиваемость	INTERMISCIBILITY
смешивание	BLEND; BLENDING
смешивать	COMPOUND; IMMIX; MIX
смешивать компоненты	BLEND
смешивающий	BLENDING
смещение	DISTORTION
межмолекулярное смещение	SLIPPAGE
упругое смещение	ELASTIC DISPLACEMENT

СМОЛА

смола	TAR; PITCH; GUM; RESIN POCKET; RESIN
акриловая смола	ACRILIC RESIN
алкидная смола	ALKYD RESIN
аллиловая смола	ALLYL RESIN
альдегидная смола	ALDEHYDE RESIN
анилиноформальдегидная смола	ANILINE-FORMALDEHYDE RESIN
анионообменная смола	ANION EXCHANGE RESIN
ачетоновая смола	ACETONE RESIN
виниловая смола	VINYL RESIN
горная смола	BITUMEN
двухстадийная смола	TWO-STAGE RESIN
смола дерева каури	KAURI GUM
диспергированная смола	GRINDING RESIN
смола для коркового литья	FOUNDRY RESIN
смола для литейных стержней	CORE BINDER
смола для покрытий	COATING RESIN
естественная смола	NATURAL RESIN; LAC
жидкая синтетическая смола	RESIN SYRUP
инденовая смола	INDENE RESIN
ионообменная смола	ION EXCHANGE RESIN
каменноугольная смола	COAL TAR
карбамидная смола	UREA RESIN; UREA-FORMALDEHYDE RESIN
катионообменная смола	CATION EXCHANGE RESIN
конденсачионная смола	CONDENSATION RESIN
контактная смола (для прессования при низком давлении)	CONTACT RESIN
крезольная смола	CRESOL RESIN; CRESYLIC RESIN

ксиленольная смола	XYLENOL RESIN
кумароновая смола	COUMARONE RESIN
лаковая смола	COATING RESIN
литая смола	CAST RESIN
малеиновая смола (смола на основе малеиновой кислоты или малеинового ангидрида)	MALEIC RESIN
маслорастворимая смола	OIL SOLUBLE RESIN
медленно отверждающаяся смола	SLOW CURING RESIN
меламиновая смола	MELAMINE RESIN
меламино-формальдегидная смола	MELAMINE-FORMALDEHYDE RESIN
смола модифицированная маслом	OIL MODIFIED RESIN
модифицированная смола	MODIFIED RESIN
мочевинная смола	UREA RESIN
мочевино-формальдегидная смола	UREA-FORMALDEHYDE RESIN
натуральная смола	NATURAL RESIN
немодифицированная смола	STRAIGHT RESIN; UNMODIFIED RESIN
неразмолотая смола	UNGROUND RESIN
новолачная смола	TWO-STAGE RESIN
смола отверждаемая кислотой	ACID CATALYZED RESIN
отвержденная смола	CURED RESIN; HARDENED RESIN
пастообразная смола	GRINDING RESIN; PASTE RESIN
прессовочная смола	MOLDING RESIN
природная смола	NATURAL RESIN
растворимая смола	SOLUBLE RESIN
резольная смола	ONE-STAGE RESIN; ONE-STEP RESIN; RESOL RESIN; SINGLE-STAGE RESIN; SINGLE-STEP RESIN
резольная смола в стадии А	RESOL

СМОЛА

резольная смола в стадии В	RESITOL
резольная смола в стадии С	RESITE
самогасящаяся смола	SELF-EXTINGUISHING RESIN
связующая смола	RESIN BINDER
синтетическая смола	SYNTHETIC RESIN; ARTIFICIAL RESIN
стирольная смола	STYRENE RESIN
смола твердеющая без давления	NO-PRESSURE RESIN
термопластичная смола	THERMOPLASTIC RESIN
термореактивная полиэфирная литьевая смола	THERMOSETTING POLYESTER CASTING RESIN
термореактивная смола	HEAT CONVERTIBLE RESIN; THERMOSETTING RESIN; RESINOID
тиомочевино-формальдегидная смола	THIOUREA-FORMALDEHYDE RESIN
фенольная смола	PHENOLIC RESIN
фурановая смола	FURAN RESIN
фурфурольная смола	FURFURAL RESIN
эпоксидная смола	ETHOXYLINE RESIN
смолистость	RESINOUSNESS
смолистый	RESINOUS
смолить	TAR
смолообразование	RESINIFICATION; ASPHALTIZATION
смолы	
альдегидные смолы	ALDOL RESINS
альдольные смолы	ALDOL RESINS
карбамидные смолы	CARBAMIDE RESINS
кетонные смолы	KETONE RESINS
кремнийорганические смолы	SILICONE RESINS
полиэтилениминовые смолы	POLYETHYLENE IMINE RESINS

сульфамидные смолы	SULFAMIDE RESINS
фенольные смолы	PHENOLICS
эпоксидные смолы	EPOXIDE RESINS; EPOXIES
сморщиваться	SHRINK
смоченный	WETTED
смыкание	
смыкание полуформ	MOLD LOCKING
снабжать	FEED
снимать	
снимать заусенцы	DEBURR
снимать лыски	RELIEVE (пресс.)
снимать напряжения	TEMPER; TO RELIEVE STRESSES
снимать покров	STRIP
снятие	
снятие напряжений	ANNEALING
снятие напряжения	UNSTRESSING
совершать	EFFECT
совместимость	COMPATIBILITY
совместимость пластификатора	COMPATIBILITY OF PLASTICIZER
совместимый	COMPATIBLE
сода	
каустическая сода	CAUSTIC SODA
очищенная сода	WHITE ALKALI
содержание	CONTENT
содержание влаги	MOISTURE CONTENT
общее содержание летучих	TOTAL VOLATILE CONTENT
содержание остаточных эпоксидных групп	RESIDUAL EPOXY CONTENT
содержание смолы	RESIN CONTENT; PROPORTION OF RESIN PRESENT

СОДЕРЖАНИЕ

содержание стеклянного армирующего материала	GLASS CONTENT
содержание щелочи	ALKALINE STRENGTH
соединение	COMBINATION; COMPOUND; BOND; BONDING; JOINT
болтовое соединение	BOLTED JOINT
соединение внахлестку	LAP JOINT; OVERLAPPING
соединение встык	BUTT JOINT
высокомолекулярное соединение	HIGH-MOLECULAR WEIGHT COMPOUND; HIGH-MOLECULAR COMPOUND
герметическое соединение	AIR-TIGHT JOINT
гибкое соединение	FLEXIBLE COUPLING
горячее соединение листов при помощи ленты и растворителя	HEAT-SOLVENT TAPE SEALING
замочное соединение	TONGUE AND GROOVE JOINT
клеевое соединение	BONDED JOINT; BOND
краевое соединение	EDGE JOINT
кремнийорганическое соединение	ORGANIC SILICON COMPOUND
муфтовое соединение	JOINT BOX
муфтовое соединение труб	SPIGOT JOINT
ненасыщенное соединение	UNSATURATED COMPOUND
непредельное соединение	UNSATURATED COMPOUND
полимерное соединение	POLYMERIC COMPOUND
резьбовое соединение труб	SCREWED PIPE JOINT
сварное соединение	WELDED JOINT
соединение слоев при помощи вальцов	ROLL LAMINATING
соединение слоев при помощи раствора клея	SOLVENT LAMINATING
соединение с разветвленной цепью	BRANCHED COMPOUND
соединение с сильно разветвленной цепью	HIGHLY BRANCHED COMPOUND

СОЕДИНЕНИЕ

стыковое соединение	EDGE JOINT
соединение с уступом	CAP JOINT
Т-образное соединение	T-JOINT
торчевое соединение	EDGE JOINT
трубное соединение на основе усадки (напр. металлическая труба внутри пластмассовой)	SHRUNK-ON PIPE JOINT
фланчевое соединение	FLANGE JOINT
фтористое соединение	FLUORIDE
соединять	COMPOUND; BOND; TIE
соединять (ся)	COMBINE
соединяться	COALESCE
создание	
создание вакуума	DEAERATION
соконденсачия	CO-CONDENSATION
сокращаться	SHRINK
соль	
соль АГ	NYLON SALT
соль азотной кислоты	NITRATE
соль карбаминовой кислоты	CARBAMATE
соль ксантогенной кислоты	XANTHATE; XANTHOGENATE
соль муравьиной кислоты	FORMATE
соль угольной кислоты	CARBONATE
соль уксусной кислоты	ACETATE
соль хлористоводородной кислоты	CHLORIDE
сольватачия	SOLVATION
соотношение	RATIO
сопло	NOZZLE REGISTER; NOZZLE; JET; BUSH; FEED BUSH

сопло	
выходное сопло экструдера	EXTRUDER BORE
сопло для выдувания	BLOW NOZZLE
сопло для литья под давлением	INJECTION MOLDING NOZZLE
сопло для струйного формования	JET MOLDING NOZZLE
сопло кольчевидной формы	COLLAR TYPE NOZZLE
литьевое сопло	INJECTION MOLDING NOZZLE
прядильное сопло	SPINNING NOZZLE
разбрызгивающее сопло	SPRAY NOZZLE
сопло с запором	SHUT-OFF NOZZLE
сопло с клапаном	SHUT-OFF NOZZLE
сопло с краном	SHUT-OFF NOZZLE
шаровое сопло	BALL CHECK NOZZLE
сополиконденсация	COPOLYCONDENSATION
сополимер	COPOLYMER; INTERPOLYMER
сополимер винилхлорида и винилацетата	POLYVINYL CHLORIDE ACETATE
сополимер из двух мономеров	DIPOLYMER
привитой сополимер	GRAFTED COPOLYMER
сополимер стирола и каучука	STYRENE-RUBBER PLASTICS
сополимеризация	INTERPOLYMERIZATION; CO-POLYMERIZATION; COPOLYMERIZATION
азеотропная сополимеризация	AZEOTROPIC COPOLYMERIZATION
сополимеризация с образованием сетчатой структуры	COPOLYMERIZATION WITH CROSS-LINKING
сопротивление	RESISTANCE
сопротивление вдавливанию	INDENTATION HARDNESS
сопротивление вдавливанию наконечника	INDENTATION RESISTANCE
сопротивление воздействию микроорганизмов	MICROBIAL RESISTANCE
вязкое сопротивление	VISCOUS RESISTANCE

СОПРОТИВЛЕНИЕ

сопротивление вязкой среды	VISCOUS RESISTANCE
сопротивление гидролизу	RESISTANCE TO HYDROLYSIS
сопротивление излому	TRANSVERSE STRENGTH
сопротивление изоляции	INSULATION RESISTANCE
сопротивление истиранию	ABRASIVE RESISTANCE; ATTRITION RESISTANCE
сопротивление коррозии	CORROSION RESISTANCE
сопротивление кручению	TORSIONAL RESISTANCE
максимальное сопротивление сдвигу	ULTIMATE SHEAR STRENGTH
сопротивление образованию трещин	CRACKING RESISTANCE
объемное сопротивление	VOLUME RESISTANCE
сопротивление перегибам (бумаги)	FOLDING ENDURANCE
поверхностное электрическое сопротивление	SURFACE RESISTANCE
сопротивление продавливанию	BURSTING STRENGTH
сопротивление раздавливанию	CRUSHING STRENGTH; CRUSHING RESISTANCE
сопротивление раздавливающему усилию	CRUSHING STRENGTH
сопротивление раздиру	TEAR RESISTANCE
сопротивление разрастанию усталостных трещин	CRAZING STRENGTH
сопротивление разрыву	BURSTING STRENGTH; RESISTANCE TO RUPTURE
сопротивление раскалыванию	CLEAVAGE STRENGTH
сопротивление распространению раздира	TEAR PROPAGATION RESISTANCE
сопротивление растрескиванию	CRACKING RESISTANCE
сопротивление растрескиванию под действием озона	OZONE CRACKING RESISTANCE
сопротивление сдвигу	SHEAR STRENGTH
сопротивление сдвигу между слоями	INTERLAMINAR SHEAR
сопротивление сжатию	RESISTANCE TO COMPRESSION; BULK MODULUS; ELASTICITY OF BULK

СОПРОТИВЛЕНИЕ

сопротивление скалыванию	SHEAR STRENGTH
сопротивление скольжению	SLIP RESISTANCE
сопротивление срезу	SHEAR STRENGTH
сопротивление старению	AGEING PROPERTIES
сопротивление течению в литниках	GATE RESISTANCE
ударное сопротивление	RESISTANCE TO SHOCK
сопротивление удару	RESISTANCE TO SHOCK
удельное объемное электрическое сопротивление	SPECIFIC INSULATION RESISTANCE; VOLUME RESISTIVITY
удельное поверхностное электрическое сопротивление	SURFACE RESISTIVITY
сопротивление царапанию	SCRATCH RESISTANCE
электрическое сопротивление	ELECTRIC(AL) RESISTANCE
сопряженный	CONJUGATED
сорбция	SORPTION
состав	CONSTITUTION; COMPOUND; MAKE-UP
гранулометрический состав	FINENESS RATIO; DISTRIBUTION OF SIZES; SIEVE ANALYSIS
состав для покрытий	COATING COMPOUND
изоляционный кабельный состав	INSULATING COMPOUNDS FOR ELECTRIC(AL) CABLES
клеевой состав	MIXED GLUE
окуночный состав	DIP MIX
полировочный состав	BUFFING COMPOUND
пропиточный состав	IMPREGNATION COMPOUND; TREATING COMPOUND
пропитывающий состав	SATURATING COMPOSITION
смешанный состав	BLEND COMPOSITION
уплотняющий состав (раствор для исправления пористости металлических отливок)	SEALING SOLUTION

СОСТАВ

химический состав	ANALYSIS
составление	
составление смеси	BLENDING
составлять	
составлять смесь	BLEND
составляющая	COMPONENT; CONSTITUENT
составной	CONSTITUENT; COMPOUND
состояние	CONDITION
аморфное состояние	AMORPHOUS STATE
жидкое состояние	LIQUID STAGE; FLUIDITY
каучукообразное состояние	RUBBERY STATE
кристаллическое состояние	CRYSTALLINE STATE
латентное состояние	ABEYANCE
нестационарное состояние	NONSTEADY STATE
состояние остаточных напряжений	RESIDUAL STATE OF STRESSES
пластическое состояние	PLASTIC STATE
плосконапряженное состояние	PLANE STRESS
скрытое состояние	ABEYANCE
стеклообразное состояние	BRITTLE STATE; GLASSY STATE
хрупкое состояние	BRITTLE STATE
состоящий	
состоящий из трех элементов	TERNARY
сосуд	TANK; VESSEL; CONTAINER
сосуд для определения плотности жидких и твердых тел	DENSITY BOTTLE
сохранение	
сохранение формы	SHAPE RETENTION
спадание	
спадание (пенопласта, пены)	COLLAPSE

СПАЙ

спай	
холодный спай	WELD MARK (л. д.)
спекаемость	CAKING CAPACITY
спекание	AGGLOMERATING; AGGLOMERATION; SINTERING
вихревое спекание	DIP COATING IN POWDER
вихревое спекание (особый метод покрытия металлических изделий порошком пластмасс)	POWDER SINTERING; WHIRL SINTERING
спекание политетрафторэтилена	TEFLON COINING
спекаться	AGGLOMERATE
спекающий	AGGLOMERATING
спектр	
спектр поглощения	ABSORPTION SPECTRUM
ультрафиолетовый спектр	ULTRA-VIOLET SPECTRUM
спектроскопия	
инфракрасная спектроскопия	INFRA-RED SPECTROSCOPY
спираль	SCROLL; COILED FILAMENT
спирт	ALCOHOL
абсолютный спирт	ABSOLUTE ALCOHOL
абсолютный этиловый спирт	ABSOLUTE ETHYL ALCOHOL
аллиловый спирт	ALLYL ALCOHOL
бензиловый спирт	BENZYL ALCOHOL; BENZALCOHOL
бутиловый спирт	BUTYL ALCOHOL
виниловый спирт	VINYL ALCOHOL
глицидный спирт	GLYCIDIC ALCOHOL; GLYCIDE; GLYCIDOL
древесный спирт	WOOD ALCOHOL
изобутиловый спирт	ISOBUTYL ALCOHOL
метиловый спирт	METHYL(IC) ALCOHOL; WOOD ALCOHOL; METHANOL

СПИРТ

многоатомный спирт — POLYOL; POLYBASIC ALCOHOL; POLYHYDRIC ALCOHOL; POLYHYDROXY ALCOHOL

поливиниловый спирт — POLYVINYL ALCOHOL

рекуперированный спирт — RECOVERED ALCOHOL

эпигидриновый спирт — GLYCIDIC ALCOHOL; GLYCIDOL

этиловый спирт — ETHYL ALCOHOL

этиловый спирт — ETHYL ALCOHOL

спиртокислота — ALCOHOL (IC) ACID

сплав — ALLOY

сплетение

сплетение волокон — FIBRAGE

способ

вакуумный способ получения заготовок — SLURRY PREFORMING

способ мокрого наслоения — WET LAY-UP; WET LAY-UP LAMINATION

способ мокрого наслоения (слоистых пластиков) — WET LAY-UP TECHNIQUE

способ мокрого формования (слоистых пластиков) — WET LAY-UP TECHNIQUE

способ получения слоистых армированных стеклопластов с помощью полиэфирных связующих смол — RR LAY-UP

способ ручного наслоения — HAND LAY-UP

способ сухого наслоения — DRY LAY-UP; DRY LAY UP LAMINATION

способ сухого наслоения (слоистых пластиков) — DRY LAY-UP TECHNIQUE

способ сухого формования (слоистых пластиков) — DRY LAY-UP TECHNIQUE

электроискровой способ обработки (поверхности металла) — SPARK EROSION MACHINING

способность

абсорбционная способность — ABSORPTIVITY

способность вальцеваться	MILLABILITY
способность воспринимать много наполнителя	HIGH FILLER LOADING CAPACITY
впитывающая способность	SATURATION CAPACITY
способность выдерживать нагрузку	CARRYING CAPACITY
способность давать усадку	SHRINKABILITY
способность держаться на поверхности воды или в воздухе	BUOYANCY
способность к вспениванию	EXPANDIBILITY
способность к диспергированию	DISPERSIVE ABILITY
клеящая способность	ADHESIVENESS
способность к насыщению	SATURATION CAPACITY
способность к переработке	PROCESSABILITY
кроющая способность	COVERING POWER
способность к течению	FLOWABILITY
несущая способность	CARRYING CAPACITY
окрашивающая способность	TINCTORIAL POWER; TINTING STRENGTH
способность перерабатываться на червячном прессе	EXTRUDABILITY
пластицирующая способность (материального цилиндра литьевой машины)	MELTING CAPACITY
поглотительная способность	SATURATION CAPACITY
поглощающая способность	ABSORPTIVITY
способность (материала) поддаваться обработке	WORKABILITY
способность пропитываться	IMPREGNABILITY
пропускная способность	THROUGHPUT; THROUGH-PUT CAPACITY; CAPACITY
пропускная способность (трубы)	FLOW CAPACITY
способность рассеивать тепло	DISSIPATE HEAT CAPACITY

СПОСОБНОСТЬ

растворяющая способность	SOLVENCY; DISSOLVING POWER
способность расширяться	EXPANDIBILITY
реакционная способность	REACTIVITY
способность скользить (о лакированной бумаге)	BLOCKING RESISTANCE
смачивающая способность	WETTING PROPERTIES; WETTING POWER
способность таблетироваться	PELLETING PROPERTY
способный	
способный к уплотнению	COMPACTIBLE
способный растираться в порошок	TRITURABLE
спуск	
конвейерный спуск	CONVEYING CHUTE
транспортерный спуск	CONVEYING CHUTE
срастаться	COALESCE
среда	
диспергирующая среда	DISPERSION MEDIUM
обогревающая среда	HEATING MEDIUM
эластичная среда	ELASTIC FLUID
средство	AGENT
антистатическое средство	STATIC ELIMINATOR
белящее средство	DECOLORANT
вспенивающее средство	EXPANDING AGENT
вулканизирующее средство	VULCANIZING AGENT; VULCANIZATOR
диспергирующее средство	DISPERSANT
средство для деполимеризации	DEPOLYMERIZING AGENT
средство для сгущения	THICKENING AGENT
средство для улучшения адгезии смолы к армирующему наполнителю	SIZING AGENT

СРЕДСТВО

средство для уменьшения статических зарядов	STATIC ELIMINATOR
желатинирующее средство	GELLING AGENT; AGGLOMERATING AGENT
конденсирующее средство	CONDENSATION AGENT
матирующее средство	FLATTING AGENT
обезвоживающее средство	DEHYDRATING AGENT
обесцвечивающее средство	DECOLORANT
средство облегчающее процесс вальцевания	MILL RELEASE AGENT
средство облегчающее разъем пресс-формы	RELEASE
омыляющее средство	SAPONIFYING AGENT
отбеливающее средство	BLEACHING AGENT
отверждающее средство	CURING AGENT
охлаждающее средство	COOLANT
средство препятствующее вспениванию	DEFOAMER
притирочное средство	LAPPING ABRASIVE
пропитывающее средство	SATURANT
разделительное средство	RELEASE AGENT
синтетическое моющее средство	DETERGENT
средство снижающее статические заряды	ANTI-STATIC AGENT
средство снимающее статические заряды	ANTI-STATIC AGENT
средство способствующее адгезии между смолой и наполнителем	COUPLING AGENT
средство способствующее образованию агломератов молекул	AGGLOMERATING AGENT
средство способствующее разъему пресс-формы	MOLD RELEASE AGENT
средство способствующее разъему пресс-формы (напр. смазка)	MOLD RELEASE MEDIUM
средство уменьшающее липкость	ANTISTICKING AGENT

СРЕДСТВО

упрочняющее средство	STRENGTHENING AGENT
срез	SHEAR; SHEARING
срезать	TRIM
срезать литник	TO SHEAR A GATE
срок	
предельный срок (продолжительность) хранения	POT LIFE; SHELF LIFE
срок службы	SERVICE LIFE; LIFE DURABILITY
срок службы пресс-формы	MOLD LIFE
срок употребления	SPREADABLE LIFE; WORKING LIFE
стабилизатор	STABILIZATOR; STABILIZER
стабилизатор дисперсии	DISPERSION STABILIZER
стабилизатор эмульсии	EMULSION STABILIZER
стабилизировать	STABILIZE
стабильность	STABILITY; PERMANENCE
размерная стабильность	DIMENSIONAL STABILITY
стабильность размеров	DIMENSIONAL STABILITY
стадия	
стадия А	A-STAGE
стадия В	B-STAGE
стадия С	C-STAGE
стадия производства	STAGE OF MANUFACTURE
промежуточная стадия отверждения	INTERMEDIATE STAGE OF CURE
стадия сиропа (термореактивной смолы)	TREACLE STAGE
стадия экспериментов	STAGE OF EXPERIMENTS
стакан	
сменный стакан	REPLACEABLE CARTRIDGE
сталкивание	
верхнее сталкивание (с пуансона)	TOP EJECTION

СТАНДАРТ

стандарт

временный стандарт	TENTATIVE STANDARD

станина

станина вальчов	ROLLING STAND
станина (вальчов)	FRAME
станина экструдера	EXTRUDER BASE; EXTRUDER STAND

становиться

становиться клейким	GUM

станок

абразивный отрезной станок	ABRASIVE CUTTING-OFF MACHINE
гибочный станок	BEADING MACHINE; BENDING MACHINE
гравировальный станок	ENGRAVING MACHINE
станок для конфекчии покрышек	TIRE DISHING MACHINE
станок для продольной резки на полосы	SLITTER
станок для сборки и склейки отдельных деталей покрышек	TIRE DISHING MACHINE
станок для снятия грата	DEFLASHING MACHINE; FLASH REMOVING LATHE
станок для снятия заусенчев	TRIMMING MACHINE
станок для снятия заусенчев с труб	TUBE TRIMMING MACHINE
станок для сошлифовывания грата	FLASH GRINDER
станок для строгания плит определенной толщины	THICKNESSING MACHINE
дыропробивной станок	PERFORATING MACHINE
загибочный станок	BEADING MACHINE; BENDING MACHINE
закаточный станок	BEADING MACHINE
конфекчионный станок для покрышек	TIRE SEWING MACHINE
копировально-фрезерный станок	DUPLICATING MILLING MACHINE

ленточно-шлифовальный станок	BELT-GRINDING MACHINE
оберточный станок	JACKETING MACHINE
оплеточный станок	BRAIDING MACHINE
полировальный станок	BUFFING LATHE
режущий станок	CUTTER
резьбонарезной станок	THREADING MACHINE; TAPPING MACHINE
старение	AGEING
атмосферное старение	WEATHERING AGEING
старение в атмосферных условиях	WEATHERING AGEING
старение под действием озона	OZONE CRACKING
старение под действием света	LIGHT AGEING
старение под действием тепла	THERMAL AGEING
старение при хранении	SHELF AGEING
световое старение	LIGHT AGEING
тепловое старение	HEAT AGEING; OVEN AGEING; THERMAL AGEING
ускоренное старение	ACCELERATED AGEING; QUICK AGEING
стареть	AGE
стеарат	STEARATE
стеарат кальция	CALCIUM STEARATE
стеарат свинца	LEAD STEARATE
стеарин	STEARINE
стеатит	MICA TALC
стекло	GLASS
бесщелочное стекло	LEACHED GLASS
известково-натриевое стекло	SODA LIME GLASS
калий-силикатное стекло	WATER PEARL ASH GLASS

СТЕКЛО	
кальций-натрий-силикатное стекло	SIMPLE GLASS
натриевое стекло	SODA ASH GLASS
натрий-силикатное стекло	NEUTRAL WATER GLASS; WATER SODA GLASS; WATER SODA ASH GLASS
прозрачное кварцевое стекло	VITREOUS SILICA
растворимое калиевое стекло	WATER PEARL ASH GLASS
растворимое натриевое стекло	NEUTRAL WATER GLASS
растворимое силикатное стекло	WATER SODA ASH GLASS
слоистое безосколочное стекло	LAMINATED SAFETY GLASS
шероховатое стекло с ледяным узором	FROSTED GLASS
стекловидность	GLASSINESS
стекловолокна	
замасленные стекловолокна (обработанные составом, улучшающим адгезию к связующему)	SIZED GLASS FIBERS
стекловолокно	FIBERGLASS
стеклонаполнитель	
пустотелый стеклонаполнитель	HOLLOW GLASS FILLER
стеклопластики	
слоистые стеклопластики	GLASS-FIBER LAMINATES
стеклопласты	FIBER GLASS REINFORCED LAMINATES; FIBER GLASS REINFORCED PLASTICS
стеклопряжа	
рубленая стеклопряжа	CHOPPED STRANDS
стеклотекстолит	GLASS-FIBER LAMINATES
стеклоткань	FIBERGLASS; GLASS-WOOL BLANKET
стеклоткань подвергнутая термоочистке	HEAT-CLEANED CLOTH
стенд	
испытательный стенд	TESTING STAND

СТЕПЕНЬ

степень	DEGREE
высокая степень наполнения	HIGH FILLER LOADING CAPACITY
степень горючести	DEGREE OF FLAMMABILITY
степень дисперсности	DEGREE OF DISPERSION
степень измельчения	DEGREE OF GRINDING; FINENESS RATIO; REDUCTION RATIO
степень конверсии	DEGREE OF CONVERSION
степень неуплотненности	NONCOMPACTNESS DEGREE
степень отверждения	DEGREE OF CURE; STATE OF CURE
степень полимеризации	DEGREE OF POLYMERIZATION
степень превращения	DEGREE OF CONVERSION
степень разбавления	DILUTE RATIO
степень раздува (пленок)	BLOW RATIO (экстр.)
степень раздува	DEGREE OF BLOW-UP
степень растяжения	STRETCH RATIO
степень сжатия (массы при экструзии)	COMPRESSION RATIO
степень уплотнения	PACKING EFFECT
степень уплотненности	COMPACTION DEGREE
степень холодной вытяжки (отношение длины вытянутой на холоду пленки к ее первоначальной длине)	NATURAL DRAW RATIO
стереоизомер	STEREOISOMER
стержень	STRIP; SHANK
стержень выталкивателя	EJECTOR ROD
стержни	ROD STOCK
стержни малого диаметра	SPAGHETTI (экстр.)
направляющие стержни (по которым скользит каретка с пуансоном таблеточного пресса)	MAIN COLUMNS
стирол	STYRENE

СТОЙКА

стойка	
промежуточная стойка	SUPPORTING PILLAR
стойкий	ENDURING; FAST
стойкий к кипячению	BOIL-PROOF
стойкий к прокалыванию	PUNCTURE RESISTANT
стойкий к царапанию	MAR-PROOF
стойкость	RESISTANCE; STRENGTH; STABILITY
стойкость к выпучиванию	DEFLECTION STRENGTH
стойкость к действию нагрузок	LOAD-BEARING CHARACTERISTICS
стойкость к истиранию	SCUFF-RESISTANCE
стойкость к облучению	RADIATION RESISTANCE
стойкость к растворителям	SOLVENT RESISTANCE
стойкость к ржавлению	STAINLESS PROPERTY
стойкость к слипанию	BLOCKING RESISTANCE
стойкость к текучести	RESISTANCE TO PLASTIC FLOW
стойкость к царапанию	MAR-RESISTANCE
радиационная стойкость	RADIATION RESISTANCE
химическая стойкость	CHEMICAL RESISTANCE
эксплуатационная стойкость	SERVICE DURABILITY
стол	
верхний рабочий стол (пресса)	TOP MOUNTING PLATE
верхний рабочий стол пресса	UPPER PLATEN
вращающийся дозирующий стол	REVOLVING FEED TABLE
вращающийся стол	ROTARY TABLE; TURNTABLE
стол для нанесения смолы на стеклянный мат	DOCTOR TABLE
дозирующий стол	ROTATING PLATE
нижний рабочий стол пресса	LOWER PLATEN

СТОЛ

нижний рабочий стол (пресса)	RAM; BOTTOM MOUNTING PLATE
поворотный стол	ROTARY TABLE; TURNTABLE
подвижной стол	TRAVEL TABLE
рабочий стол	RAM
рабочий стол пресса	TABLE PRESS; PLATEN; MOUNTING PLATE
ротационный стол	ROTARY TABLE
стационарный стол	STATIONARY TABLE
фиксированный стол	STATIONARY TABLE
сторона	
лицевая сторона	FACE
стрейнер	SCREW CLEANING MACHINE
стрелка	
стрелка вальцов	CHECK PLATE
строение	COMPOSITION; CONSTITUTION
химическое строение	CHEMICAL CONSTITUTION
стружка	
токарная стружка	TURNINGS
тонкая стружка (отходы при обработке пластмасс)	SWARF
струи	
струи (нитевидные дефекты в прозрачных пластиках)	STRIAE
структура	TEXTURE; COMPOSITION
волокнистая структура	FIBER PATTERN
вытянутая структура	STRETCHED-OUT STRUCTURE
друзовая структура	DRUSY STRUCTURE
зернистая структура	GRANULAR STRUCTURE
крупноячеистая структура	LARGE CELL STRUCTURE

СТРУКТУРА

пенистая структура	FOAMY STRUCTURE
пластовая структура	BEDDED STRUCTURE
структура полимера "голова к голове"	HEAD-TO-HEAD STRUCTURE (OF POLYMER)
структура полимера "голова к хвосту"	HEAD-TO-TAIL STRUCTURE (OF POLYMER)
поперечно сшитая структура	NETWORK
пористая структура	CELLULAR STRUCTURE
разветвленная структура	BRANCHED STRUCTURE
сетчатая структура	RETICULATE STRUCTURE
слоистая структура	BEDDED STRUCTURE
смектическая структура	SMECTIC STRUCTURE
структура стеклопласта	GLASS-FIBER RESIN STRUCTURE
ячеистая структура	CELLULAR STRUCTURE; FOAMY STRUCTURE; CELLULAR TEXTURE
струя	SPRAY; JET
студенистый	GELATINOUS
студень	JELLY
ступица	
ступица червяка (часть червяка за резьбой, предотвращающая обратное течение массы)	SCREW HUB (экстр.)
ступка	
механическая ступка	TRITURATING MACHINE
стык	WELD MARK (л. д.)
сублимат	SUBLIMATE
сублимировать	SUBLIMATE
субстрат	
субстрат (материал, на который наносится слой клея)	SUBSTRATE
суживать	TAPER

СУСПЕНЗИЯ

суспензия	SUSPENSION
сушилка	DRYER; DRAINER; DRIER
барабанная сушилка	REVOLVING DRIER
вакуумная сушилка	VACUUM DRIER
вращающаяся барабанная сушилка	ROTARY DRIER
высокочастотная сушилка	DIELECTRIC DRIER; HIGH-FREQUENCY DRIER
дисковая сушилка	DISK DRIER
инфракрасная сушилка	INFRA-RED DRIER
ленточная сушилка	BELT DRIER; MULTI-PASS DRIER
многоленточная сушилка	MULTI-PASS DRIER
пневматическая сушилка	PNEUMATIC CONVEYING DRIER
распылительная сушилка	SPRAY DRIER; NUBILOSE
шахтная сушилка	KILN (сл. пл.)
сушильный	SICCATIVE
сушка	DRYING
сушка распылением	FLASH DRYING
сушка с регулированием влажности воздуха	CONTROLLED HUMIDITY DRYING
сфериолит	SPHERIOLITE
сферолиты	SPHERULITIC AGGREGATES
схватывание	SETTING
быстрое схватывание	QUICK CURING
преждевременное схватывание (клея)	PRECURE
схватываться	TO SET UP
схема	
кольцевая схема	CIRCUIT
эквивалентная схема	SIMULATED CONDITIONS
сход	TRIAGE

СЦЕПЛЕНИЕ

сцепление	COHESION; BOND; BONDING; ADHERENCE; ADHESION
адрезионное сцепление	ADHESION BOND
сцепление зерен сыпучего материала	SLUGGING
сцепленный	ADHERENT
сцепляемость	STICKINESS
сцеплять	ADHERE; BOND
счетчик	COUNTER
счетчик времени	TIMER
регистрирующий счетчик	RECORDING METER
самопишущий счетчик	RECORDING METER
сшивание	
сшивание (образование сетчатой структуры)	CROSS-LINKING
сшивка	NETWORK
поперечная сшивка	CROSS LINK; CROSS LINKAGE
съем	
разовый съем пресс-изделий	LIFT; SET OF MOLDINGS
сыпучий	FRIABLE
сырость	DAMPNESS
сырье	
исходное сырье (идущее на переработку)	FEED STOCK
таблетирование	TABLETTING
таблетированный	PELLET
таблетировать	PELLET; PREFORM; TABLET
таблетироваться	
способность таблетироваться	PELLETING PROPERTY
таблетируемость	PELLETING PROPERTY
таблетка	PREFORM

ТАБЛЕТКА

таблетка	PREMOLD
таблетка	PELLET; TABLET; BISCUIT
таблетка полученная спеканием	SINTERED CAKE
таймер	TIMER
таллий	THALLIUM
тальк	TALC; TALCUM
молотый тальк	TALC POWDER
плотный волокнистый тальк	MICA TALC
талькировать	TALC
тангенс	
тангенс угла диэлектрических потерь	LOSS ANGLE; DISSIPATION FACTOR
тантал	TANTALUM
тарелка	
ситчатая тарелка колонны	SIEVE TRAY
таять	THAW
твердение	CONSOLIDATION
твердеть	HARDEN
твердомер	HARDNESS METER; HARDNESS TESTER
твердомер Баркола	BARCOL HARDNESS METER
твердость	HARDNESS
твердость материала	HARDNESS OF MATERIAL
твердость на вдавливание	INDENTATION HARDNESS
твердость на истирание (абразивного материала)	ABRASIVE HARDNESS
твердость определяемая по царапине	SCRATCH HARDNESS
твердость по Барколу	BARCOL'S HARDNESS
твердость по Бринеллю	BRINELL HARDNESS
твердость по шкале Мооса	MOHS' HARDNESS

ТВЕРДОСТЬ

твердость по шкале Роквелла	ROCKWELL HARDNESS
твердость по Шору	SHORE HARDNESS
склерометрическая твердость	SCRATCH HARDNESS
твердый	RIGID
творожистый	CASEOUS
текстиль	TEXTILE
текстильный	TEXTILE
текстолит	LAMINATED CLOTH; LAMINATED FABRIC; LAMINATE FABRIC BASE; CLOTH LAMINATE
текстура	TEXTURE
текстура древесины	TEXTURE OF WOOD
текстура (древесины)	GRAIN
текучесть	FLOW MELT INDEX; FLOW PROPERTIES; RHEOLOGICAL PROPERTIES; YIELD; FLUIDITY; FLOW
текучесть (величина, обратная вязкости)	RECIPROCAL VISCOSITY
высокая текучесть	DEEP FLOW; EASY FLOW; HIGH FLOW; SOFT FLOW; FREE FLOWING
низкая текучесть	LOW FLOW; STIFF FLOW; HARD FLOW
текучесть пластмасс	FLOWABILITY OF PLASTICS
текучесть (пресс-массы)	MOBILITY
холодная текучесть	COLD FLOW
текучий	FLOWING; FLUID
телетермометр	DISTANCE THERMOMETER
теллур	TELLURIUM
тело	
идеально упругое тело	IDEAL ELASTIC MATERIAL
инородное тело	TRAMP MATERIAL

пористое тело	CELLULAR BODY
теломер	TELOMER
температура	
внутренняя температура	CORE TEMPERATURE
температура внутри перерабатываемого материала	CORE TEMPERATURE
температура воспламенения	BURNING POINT; FIRE POINT; IGNITION POINT; INFLAMMABILITY POINT
температура вспышки	FLASH POINT
температура выпечки (лака)	BAKING TEMPERATURE
температура деформации при нагреве	HEAT DISTORTION TEMPERATURE
температура желатинизации	GEL POINT
температура замерзания	FREEZING POINT; FREEZING TEMPERATURE
температура застывания	SETTING POINT; CHILL POINT
температура затвердевания	SOLIDIFICATION POINT
температура каплепадения	LIQUEFYING POINT; CHILL POINT; DROP POINT
температура конденсации	DEW-POINT
максимально допустимая температура эксплуатации	MAXIMUM PERMISSIBLE SERVICE TEMPERATURE
температура начала кипения	INITIAL BOILING POINT
температура начала течения	POUR POINT
температура ниже нуля	SUB-ZERO TEMPERATURE
температура окружающей среды	AMBIENT TEMPERATURE
температура отверждения	BAKING TEMPERATURE; CURING TEMPERATURE
температура перехода	TRANSITION TEMPERATURE
температура плавления	FUSION TEMPERATURE; FUSION POINT; MELTING POINT
температура поверхности (перерабатываемого материала)	SURFACE TEMPERATURE

ТЕМПЕРАТУРА

повышенная температура	ELEVATED TEMPERATURE
температура разложения	THERMAL DEGRADATION TEMPERATURE
температура размягчения	SOFTENING POINT
температура размягчения по Вика	VICAT SOFTENING TEMPERATURE
температура расплава (внутри экструдера)	STOCK TEMPERATURE
температура расплавления	FLOODING POINT
температура самовоспламенения	SELF-IGNITION TEMPERATURE
температура слипания	BLOCKING POINT
температура стеклования	SECOND ORDER TRANSITION POINT (Физ.)
температура стеклования (температура перехода второго рода)	SECOND ORDER TRANSITION TEMPERATURE
температура сушки	DRYING TEMPERATURE
температура схватывания	SETTING POINT; STALLING POINT
температура текучести	FLOW POINT; FLOW TEMPERATURE
температура текучести (растекания)	YIELD TEMPERATURE
температура ускоренной сушки	FORCED DRYING TEMPERATURE
температура формования	FORMING TEMPERATURE
температура хрупкости	BRITTLE TEMPERATURE; BRITTLE POINT
температура хрупкости при изгибе	BENDING BRITTLE POINT
температура хрупкости при ударном изгибе	BENDING BRITTLE POINT
температура экструдата (на выходе из мундштука)	EXTRUDATE TEMPERATURE
температуропроводность	TEMPERATURE CONDUCTIVITY
тензор	
тензор напряжений	STRESS TENSOR
тепло	
электростатическое тепло	ELECTROSTATIC HEAT

ТЕПЛОЕМКОСТЬ

теплоемкость	
удельная теплоемкость	SPECIFIC HEAT
теплозащита	THERMAL PROTECTION; HEAT SHIELD
теплоизоляция	HEAT INSULATION
теплоноситель	HEATING MEDIUM
теплообменник-смеситель	VOTATOR
теплопроводимость	THERMAL CONDUCTIVITY
теплопроводность	THERMAL CONDUCTIVITY
теплопроводящий	THERMOPOSITIVE
теплопрозрачность	DIATHERMANCY
теплопрозрачный	DIATHERMAL; DIATHERMANOUS; DIATHERMIC
теплостойкий	HEAT-STABLE
теплостойкость	RESISTANCE TO HEAT; HEAT DISTORTION TEMPERATURE; HEAT STABILITY
деформационная теплостойкость	HEAT DISTORTION POINT; THERMAL DEFORMATION
максимальная теплостойкость при непрерывном использовании	CONTINUOUS HEAT RESISTANCE
теплостойкость по Мартенсу	MARTENS TEMPERATURE
теплота	HEAT
теплота абляции	HEAT OF ABLATION
теплота адгезии	ADHESION HEAT
теплота прилипания	ADHESION HEAT
теплота размягчения	HEAT FLUX
теплота сгорания	HEAT OF COMBUSTION
теплота сцепления	ADHESION HEAT
теплота трения (развиваемая в массе при экструзии)	FRICTIONAL HEAT

ТЕПЛОТА

эффективная теплота аблячии	EFFECTIVE HEAT OF ABLATION
термограф	RECORDING THERMOMETER
термоизолячия	THERMAL INSULATION
термометр	
биметаллический термометр	BIMETALLIC THERMOMETER
влажный термометр	WET-BULB THERMOMETER
дистанчионный термометр	DISTANCE THERMOMETER
термометр для холодильников	COLD STORAGE THERMOMETER
самопишуший термометр	RECORDING THERMOMETER
термометр сопротивления	RESISTANCE THERMOMETER
термообработка	CURING; BAKING
термопара	THERMOCOUPLE
термопара встроенная в корпус экструдера	BARREL CONTROL THERMOCOUPLE
термопара расположенная в корпусе (близко к внутренней поверхности)	DEEP-WELL THERMOCOUPLE (экстр.)
термопласт	THERMOPLASTIC
термопластичность	THERMOPLASTICITY
термопластичный	THERMOPLASTIC
термореактивный	THERMOHARDENING; THERMOSETTING
терморегулятор	CONTROLLING THERMOCOUPLE
автоматический терморегулятор	AUTOMATIC TEMPERATURE CONTROLLER
термостабильность	THERMAL STABILITY
термошкаф	AIR OVEN; DRYING OVEN
термошкаф для испытания на старение	AGEING-OVEN
термошкаф для отверждения (литых смол)	BAKING OVEN
термошкаф для предварительного подогрева	PREHEATING CABINET
термоэластичность	
термоэластичность (каучукоподобное состояние пластика при нагреве)	THERMOELASTICITY

ТЕРПЕН

терпен	TERPENE
тесьма	TAPE
тетрамер	TETRAMER
тетраметилмоносилан	SILICON METHYL
техника	
техника литья	MOLDING TECHNIQUE
техника литья под давлением	INJECTION TECHNIQUE
техника прессования	MOLDING TECHNIQUE
техника формования	MOLDING TECHNIQUE
техника экструзии	EXTRUSION TECHNIQUE
течение	FLOWING; FLOW
ламинарное течение	LAMINAR FLOW; TELESCOPIC FLOW; VISCOUS FLOW
неньютоновское течение	NON-NEWTONIAN FLOW
обратное течение (в червячном прессе)	PRESSURE FLOW; BACK FLOW
течение (пластических материалов)	YIELDING
пластическое течение	PLASTIC YIELD; PLASTIC FLOW
течение по зазору (обратный поток через зазор между шнеком и цилиндром)	LEAKAGE FLOW (экстр.)
свободное течение	UNRESTRICTED FLOW
структурное течение	PLUG FLOW
турбулентное течение	TURBULENT FLOW
течения	
смешение течения	FLOW DISPLACEMENT
состояние течения	YIELD CONDITION
тигель	TRANSFER WELL (л. пресс.); LOADING SPACE (пресс.); POT; SEPARATE POT (л. пресс.)
графитовый тигель	PLUMBAGO POT
тигель для литьевого прессования	TRANSFER POT

ТИГЕЛЬ	
литьевой тигель	TRANSFER CHAMBER (пресс.)
тиксотропия	THIXOTROPY
тиксотропный	THIXOTROP
тиомочевина	THIOUREA
тиопласт	THIOPLAST
тиражеустойчивость	
тиражеустойчивость пресс-формы	MOLD LIFE
тиснение	STAMPING; EMBOSSING
горячее тиснение	HOT STAMPING
титан	TITANIUM
ткани	
обрезки ткани	MACERATED FABRIC; CHOPPED COTTON FABRIC (ан.)
тканый	TEXTILE
ткань	FABRIC; CLOTH
бумажная ткань	PAPER CLOTH
водонепроницаемая ткань	PROOF FABRIC
грубая ткань	COARSE CLOTH
диагонально разрезанная ткань	BIAS CUT CLOTH
ткань для сита	SCREEN CLOTH
жесткая ткань	HARD CLOTH
ткань из некрученых нитей	NON-WOVEN FABRIC
ткань из пластмассовых нитей (напр. саран)	WOVEN PLASTIC FILAMENTS
кордная ткань	CORD FABRIC
лакированная ткань	VARNISHED FABRIC
льняная ткань	PLAIN-WOVEN FABRIC
металлическая фильтровальная ткань	WIRE FILTER CLOTH
несминаемая ткань	NON-CREASING FABRIC

ТКАНЬ

нетканая ткань	NON-WOVEN FABRIC
однонаправленная ткань	UNIDIRECTIONAL CLOTH
ткань полотняного переплетения	PLAIN CLOTH
пропитанная ткань	IMPREGNATED FABRIC
ткань с двухсторонним покрытием	DOUBLE-COATED FABRIC
ткань с покрытием	COATED FABRIC
ткань с равной прочностью по основе и утку	PLAIN-WOVEN FABRIC
стеклянная ткань	GLASS CLOTH
стеклянная ткань, пропитанная смолой	RESIN-LOADED GLASS CLOTH
ткань с четырехремизным сатиновым переплетением	FOUR-SHAFT SATIN WEAVE FABRIC
хлопчатобумажная ткань	COTTON FABRIC; COTTON CLOTH
шелковая ткань для сит	SILK BOLTING CLOTH; BOLTING SILK

товары

потребительские товары	CONSUMER GOODS
товары широкого потребления	CONSUMER GOODS

токсичность	TOXICITY
толкатель	EJECTOR PAD
толкать	THRUST
толочь	CONTUSE
толуол	TOLUENE
толщемер	THICKNESS TESTER; THICKNESS INDICATOR

толщина

толщина изделия в направлении прессования	BUILD-UP DIMENSION
толщина пленки	LAY-FLAT WIDTH

толщиномер	GAUGE CONTROLLER; THICKNESS GAUGE

ТОНЕР

тонер	TONER
тонина	FINENESS
тонина (напр. помола)	DEGREE OF FINENESS
тонкий	FINE
тонкозернистый	SHORT-GRAINED
топливо	
топливо на пластмассовом связующем	PLASTIC FUEL-BINDER
твердое ракетное топливо	SOLID PROPELLANT
торможение	
тангенциальное торможение	TANGENTIAL DRAG
торпеда	TORPEDO (экстр.)
перемешивающая торпеда (обычно фасонная)	MIXING TORPEDO
точка	SPECK
точка воспламенения	IGNITION POINT; INFLAMMABILITY POINT; BURNING POINT; FIRE POINT
точка вспышки	FLASH POINT
точка желатинизации	GEL POINT
точка замерзания	FREEZING POINT; CONGEALING POINT
точка застывания	CHILL POINT; CONGEALING POINT; SETTING POINT
точка затвердевания	SOLIDIFICATION POINT
точка каплепадения	LIQUEFYING POINT; DROP POINT
точка начала кипения	INITIAL BOILING POINT
точка начала течения	POUR POINT
точка осветления мутной жидкости	BREAKING POINT
точка перехода второго рода	SECOND ORDER TRANSITION POINT (Физ.)
точка плавления	FUSION POINT; MELTING POINT

ТОЧКА

точка пластического течения	PLASTIC YIELD-POINT
точка пластической деформации	SET POINT
поверочная точка	BENCH MARK
точка размягчения	SOFTENING POINT
точка расплавления	FLOODING POINT
точка расслоения эмульсии	BREAKING POINT
точка росы	DEW-POINT
точка слипания	BLOCKING POINT
точка схватывания	SETTING POINT; STALLING POINT
точка текучести	FLOW POINT
точка хрупкости	BRITTLE POINT
траверса	
верхняя траверса	MAIN HEAD
выталкивающая траверса	EJECTOR FRAME
траверсы	
направляющие выталкивающей траверсы	EJECTOR FRAME GUIDES
травить	STAIN
транспортер	
винтовой транспортер	AUGER
ленточный транспортер	CONVEYING BENDING; CONVEYOR; BELT CONVEYOR
питающий транспортер	FEED CONVEYOR
скребковый транспортер	SCRAPER CONVEYOR; SCRAPER FLIGHT CONVEYOR
шнековый транспортер	CONVEYING WORM
трансформировать	TRANSFORM
трение	
внутреннее трение	INTERNAL FRICTION
трескаться	CRACK

треснувший	CRACKED
трехкомпонентный	TERNARY
трещина	CRACK; CRAZE; CRACK; FLAW
волосяная трещина	HAIR CRACKING; HAIRLINE CRACK
трещина (в прозрачном пластике)	SLIP PLANE
деформационная трещина	STRAIN CRACK
мелкая трещина	CREVICE
трещина от напряжений	STRESS CRACK
трещина сварочного шва	WELD CRACKING
усадочная трещина	SHRINKAGE CRACKING; SHRINKAGE CRACK
усталостная трещина	FATIGUE CRACK
триацетат	
триацетат целлюлозы	CELLULOSE TRIACETATE
трикрезилфосфат	TRICRESILPHOSPHATE
тример	TRIMER
триплекс	LAMINATED SAFETY GLASS
тристеарингліцерид	STEARINE
трифенилфосфат	TRIPHENYL PHOSPHATE
трихлорэтан	TRIETHANE CHLORIDE
тройник	
тройник (трубы)	TEE
тройной	TERNARY
тропикализация	TROPICALIZATION
труба	CONDUIT
труба армированная витой проволокой	HELICAL WIRE REINFORCED PIPE
бесшовная труба	SEAMLESS TUBE
гибкая труба	COLLAPSIBLE TUBE

ТРУБА

изоляционная труба	INSULATING TUBE
калибрующая труба	FORMER
калибрующая труба, охлаждаемая водой	WATER-COOLED FORMER
клееная труба	CEMENTED TUBE
намотанная слоистая труба	LAMINATED ROLLED TUBE; ROLLED LAMINATED TUBE
намотанная труба	ROLLED TUBE; WRAPPED TUBE
пластмассовая труба (шланг)	PLASTIC TUBING
прессованная слоистая труба	MOLDED LAMINATED TUBE
промывочная труба	FLUSHING PIPE
точеная слоистая труба	MACHINED LAMINATED TUBE
экструдированная труба	EXTRUDED TUBE
эластичная труба	TUBING
трубка	
вводная трубка канала червяка	SCREW CORE TUBE (экстр.)
трубопровод	CONDUIT
трубчатый	TUBULAR
тряпье	RAGS
трясти	SHAKE
тубус	NECK
турбо-гранулятор	TURBO-MILL
турбомешатель	IMPACT MIXER; IMPACT WHEEL MIXER
тускнеть	TARNISH
тушитель	QUENCHER
тяга	TRACTION
тяга со значительным усилием	DRAG
тягучесть	DUCTILITY; TENACITY; ROPINESS
тягучий	ROPY; VISCID; VISCOUS

УВЛАЖНЕНИЕ

увлажнение	WETTING; HUMECTATION
увлажнитель	HUMECTANT; MOISTENER
углеводород	HYDROCARBON
фторированный углеводород	FLUOHYDROCARBON
углерод	CARBON
фторированный углерод	FLUOCARBON
углубление	WELL
угол	
диэлектрический угол фаз	DIELECTRIC PHASE ANGLE
закругленный внутренний угол (в пресс-изделии)	FILLET
угол закручивания	ANGLE OF TWIST
угол захвата (вальцов)	NIP ANGLE
краевой угол	CONTACT ANGLE; INTERFACIAL ANGLE
угол кручения	ANGLE OF TWIST
угол лопатки	VANE ANGLE
угол между гранями кристаллов	INTERFACIAL ANGLE
угол подъема винтовой линии	HELIX ANGLE (экстр.)
угол потерь	LOSS ANGLE
угол потерь диэлектрика	DIELECTRIC LOSS ANGLE
угол преломления	REFRACTION ANGLE
угол профиля резьбы	THREAD ANGLE
угол скольжения	SLIDING ANGLE
угол скоса (сварного шва)	BEVEL ANGLE
угол уклона	ANGLE OF INCLINATION
уголь	COAL
битуминозный уголь	BITUMINOUS COAL
каменный уголь	COAL

УДАЛЕНИЕ

удаление	REMOVAL
удаление блеска	DELUSTRING
удаление влаги	DEHUMIDIFICATION
удаление воздуха	DEAERATION; VENT
удаление газов	DEGASSING
удаление газов из пресс-формы	VENTING
удаление летучих	DEVOLATILIZING
удалять	ELIMINATE
удалять жир	DEGREASE
удалять острым паром	TO STEAM OUT
удалять пену	DEFOAM
удар	IMPACT
боковой удар	SIDE BLOW
раздувать удар	BLOW
ударник	STRIKING EDGE
ударопрочность	SHOCK RESISTANCE
удлинение	ELONGATION; STRETCH
линейное удлинение при нагревании	LINEAR ELONGATION UNDER HEAT
удлинение между метками образца	ELONGATION BETWEEN GAUGES
остаточное удлинение	PERSISTING ELONGATION; PERMANENT ELONGATION
остаточное удлинение при растяжении	TENSION SET
относительное удлинение при разрыве	ULTIMATE ELONGATION
относительное удлинение при растяжении	TENSILE ELONGATION
удлинение при разрыве	ELONGATION AT BREAK; ELONGATION AT RUPTURE
удлинение при растяжении	TENSILE ELONGATION; EXTENSION
продольное удлинение	LONGITUDINAL EXTENSION
процентное относительное удлинение образца при разрыве	PERCENTAGE ELONGATION

УДЛИНЕНИЕ

равномерное удлинение при растяжении	GENERAL EXTENSION
узел	
узел впрыска	INJECTION UNIT
узел смыкания полуформ	LOCKING UNIT
указатель	
указатель деформации	STRAIN INDICATOR
манометрический указатель уровня жидкости	LIQUID LEVEL GAUGE
указатель уровня жидкости	LIQUID LEVEL GAUGE
укладка	
плотная укладка	CLOSE PACKING
укладывать	
укладывать на стеллажи	SHELVE
уклон	TAPER; RAKE; DRAW
уклон (в пресс-форме)	INCLINATION
укорачивать	
укорачивать цепь	DEGRADE
укрепление	CONSOLIDATION
уксусный	ACETOUS
улавливание	
улавливание растворителя	SOLVENT RECOVERY
улетучиваться	VOLATILIZE
улитка	SCROLL
уложенный	
рыхло уложенный	PACKLESS
ультрамикроскоп	ULTRA-MICROSCOPE
ультрафиолетовый	ULTRA-VIOLET
ультрацентрифуга	ULTRA-CENTRIFUGE

УМЕНЬШАТЬ

уменьшать	ELIMINATE
уменьшать величину молекулы	DEGRADE
умягчающий	MOLLIENT
уничтожать	
уничтожать пену	DEFOAM
уничтожение	
уничтожение пены	DEFOAMING
упаковка	PACKING
плотная упаковка	CLOSE PACKING
упаковывать	
упаковывать в кипы	BALE
уплотнение	CONSOLIDATION; COMPRESSION; COMPACTION; DENSIFICATION; GASKET; PACKING; THICKENING; SEAL; SEALING
асбестовое уплотнение	ASBESTOS JOINT
вращающееся уплотнение	ROTARY JOINT
уплотнение за ступицей червяка	SCREW HUB SEAL (экстр.)
уплотнение при литье	FLOWED-IN-PLACE GASKET; GASKETING
сеточное уплотнение	SCREEN PACK (экстр.)
фланцевое уплотнение	JOINT PACKING
уплотненность	COMPACTNESS
уплотнитель	THICKENER
уплотнять	COMPACT; COMPRESS; CONDENSE; DENSIFY
уплотнять (ся)	THICKEN
упор	THRUST; STOP (пресс.); STOPPER (пресс.)
управление	CONTROL
управлять	CONTROL

УПРОЧНЕНИЕ

упрочнение	STIFFENING
упрочнение асбестом	ASBESTOS REINFORCEMENT
упрочнение наклепом	WORK HARDENING
упрочнитель	REINFORCING MATERIAL
упрочнять	REINFORCE; STIFFEN; STABILIZE
упругий	RESILIENT
упругость	RESILIENCE; ELASTICITY
вязкая упругость (замедленная)	VISCOUS ELASTICITY
обьемная упругость	ELASTICITY OF BULK; CUBIC ELASTICITY; BULK MODULUS
упругость пара	VAPOR TENSION
упругость расплава	MELT ELASTICITY
уран	URANIUM
уретан	ALKYL CARBAMATE
уровень	
уровень загрузки	LOADING LEVEL
уровень качества	QUALITY GRADE
уровень наполнения	LOADING LEVEL
уротропин	HEXAMETHYLEN TETRAMINE
усадка	WASTAGE; SHRINKAGE; CONTRACTION
дополнительная усадка	AFTER-CONTRACTION
допускаемая усадка	CONTRACTION ALLOWANCE
усадка на воздухе	AIR SHRINKAGE
обьемная усадка	VOLUME SHRINKAGE
ориентационная усадка (зависящая от степени изотропности материала)	ORIENTATION SHRINKAGE
поперечная усадка	TRANSVERSE CONTRACTION
последующая усадка	AFTER-CONTRACTION

УСАДКА

усадка после формования (в процессе эксплуатации)	POST MOLD SHRINKAGE
усадка при сушке	DRYING SHRINKAGE
расчетная усадка (разница между размерами холодной пресс-формы и отпрессованного изделия)	SHRINKAGE FROM MOLD DIMENSIONS
расчетная усадка	MOLD SHRINKAGE
термическая усадка	HEAT SHRINKAGE
усаживаться	SHRINK
усеченный	TRUNCATED
усиливать	REINFORCE
усилие	LOAD
усилие замыкания пресс-формы выраженное в тоннах	CLAMPING TONNAGE
усилие замыкания формы выраженное в тоннах	CLAMPING TONNAGE
замыкающее усилие	LOCKING FORCE
усилие инжекции	INJECTION FORCE (л. д.)
усилие литья	INJECTION FORCE (л. д.)
усилие нагнетания	INJECTION FORCE (л. д.)
номинальное усилие плунжера	RAM FORCE
осевое усилие	THRUST LOAD
усилие плунжера поршня	RAM PRESSURE
растягивающее усилие	STRETCHING FORCE
усилие сдвига	SHEARING FORCE
усилие сдвига, вызываемое давлением	SHEARING PRESSURE
усилие сжатия	COMPRESSION LOAD
сжимающее усилие	THRUST
усилие смыкания полуформ	MOLD CLAMPING FORCE
усилитель	ACTIVE FILLER; REINFORCER

УСКОРИТЕЛЬ

ускоритель	ACCELERANT
ускоритель вулканизации	VULCANIZATION ACCELERATOR
ускоритель замедленного действия	DELAYED ACTION ACCELERATOR
ускоритель отверждения	ACCELERATOR
ускоритель полимеризации	POLYMERIZATION ACCELERATOR
ускоритель средней активности	MEDIUM ACCELERATOR
ускорять	ACCELERATE
условие	CONDITION
условие сопротивления усталостным напряжениям	SHAKE-DOWN CONDITION
условия	
граничные условия	BOUNDARY CONDITIONS
искусственно созданные условия	SIMULATED CONDITIONS
условия окружающей среды	AMBIENT CONDITIONS
эксплуатационные условия	SERVICE CONDITIONS
установка	ADJUSTMENT; ASSEMBLY; MAKING TRUE
абсорбционная установка	ABSORPTION PLANT
вальцовая установка	ROLL MILL
установка в определенном положении (трубы при испытании)	SHAKE-DOWN
установка для мокрого дробления	WET CRUSHING MILL
установка для нанесения покрытия	COATING MACHINE
установка для эмульгирования	EMULSIFICATION PLANT
установка на нуль	ZERO SETTING
опытная установка	SEMI-PLANT; PILOT PLANT
сушильная установка	DRYING PLANT
холодильная установка	COOLING DEVICE
ширильная установка	STENTERING MACHINE

ширительная установка для вытягивания в поперечном направлении	T. D. STRETCHER
устойчивость	FIRMNESS
устойчивость блеска	GLOSS RETENTION
устойчивость к абляции	ABLATIVE INSULATING QUALITY
устойчивость к действию жиров	FAT RESISTANCE
устойчивость к действию масел	OIL RESISTANCE
устойчивость окраски	COLOR STABILITY
устойчивость под нагрузкой	LOAD BEARING CAPACITY
устойчивость при хранении	STORAGE STABILITY
устойчивость против растрескивания	SPALLING RESISTANCE
устойчивый	
устойчивый к кипячению	BOIL-PROOF
устройство	
дозирующее устройство	DISPENSER; DOSING PLANT
перемоточное устройство	REWINDER
просевочное устройство	SCREENING MACHINE
револьверное устройство форм	REVOLVING ARRANGEMENT OF MOLDS
теплозащитное устройство (для ракет и космических кораблей)	REENTRY HEAT SHIELDING
утечка	LEAKAGE
утолщение	
относительное утолщение образца при сжатии	EXPANSION BY COMPRESSION
утяжина	HEAT MARK; SUNK SPOT
утяжина (мало заметное углубление на изделии)	AIR LOCK
ухудшение	
ухудшение свойств	DETERIORATION OF PROPERTIES
участок	
участок на котором происходит вытяжка пленки (от щели экструдера до валков)	DRAW DISTANCE

ФАЗА

фаза	
дискретная фаза	DISCRETE PHASE
дисперсная фаза	DISPERSED PHASE
непрерывная фаза	CONTINUOUS PHASE
прерывная фаза	DISCRETE PHASE
факел	TORCH
фальцовка	BAR CREASING
фанера	VENEER; PLYWOOD
лущеная фанера	ROTARY CUT VENEER
фанера на синтетической смоле	RESIN-BONDED PLYWOOD
ножевая фанера	SLICED VENEER
пиленая фанера	SAWN VENEER
резаная фанера	SLICED VENEER
строганая фанера	SLICED VENEER
формованная фанера (между металлическими изогнутыми матрицами)	FORMED PLYWOOD
формованная фанера	MOLDED PLYWOOD
фасонный	FASHIONED
фенол	PHENYLIC ACID; CARBOLIC ACID; PHENOL
двухатомный фенол	DIHYDRIC PHENOL
жидкий фенол	LIQUEFIED PHENOL; LIQUEFIED CARBOLIC ACID
многоатомный фенол	POLYATOMIC PHENOL
свободный фенол	FREE PHENOL
сырой фенол	CRUDE PHENOL; CRUDE CARBOLIC ACID
фенолальдегид	PHENOL(IC) ALDEHYDE
фенолоспирт	PHENOLIC ALCOHOL
фенолы	
высшие фенолы	HIGHER PHENOLS

сырые Фенолы дегтя	TAR ACID
Фенолят	PHENATE; PHENOLATE
Фенопласт	PHENOPLAST
Фенопласты	PHENOLIC PLASTICS
Фибра	FIBER PAPER
Фидер	
коаксиальный Фидер	COAXIAL FEEDER
Филаментарный	FILAMENTARY
Фильтр	FILTER; STRAINER
Фильтрачия	FILTRATION
Фильтр-пресс	PRESSURE FILTER
камерный Фильтр-пресс	CHAMBER FILTER PRESS
рамный Фильтр-пресс	FRAME FILTER PRESS
Фланеч	
передний Фланеч корпуса	FRONT BARREL FLANGE (экстр.)
Флексометр	FLEXOMETER
Флексура	FLEXURE
Флоккулирование	FLOCCULATION
Флоккулируюший	FLOCCULATION
Флуктуачии	
Флуктуачии (колебаний) плотности	DENSITY FLUCTUATIONS
Флуоресченчия	FLUORESCENCE
Фольга	FOIL
Форвальчы	PRELIMINARY ROLLERS
Фор-камера	PRE-CHAMBER
Форма	CONFIGURATION; FORM; FASHION; DIE; MOLD
безлитниковая Форма (для литья под давлением)	RUNNERLESS INJECTION MOLD

ФОРМА

всасывающая форма с сеткой	FELTING SCREEN
выдувная форма	BLOW MOLD
выдувная форма	BLOW DIE
выпуклая форма (для прессования при низком давлении слоистых пластмасс)	DOMING MOLD
вытяжная форма	DRAWING DIE
гипсовая форма (для формования при низком давлении)	MOCK-UP
форма для литья	CASTING MOLD
форма для литья под давлением	INJECTION MOLD; INJECTION DIE
форма для макания	DIPPING
форма для пенопластов	FOAM MOLD
форма для пуговиц	BUTTON MOLD
жесткая форма	RIGID DIE
литейная форма	CASTING MOLD
массивная форма	SOLID MOLD
негативная форма	DIE BOX MOLD
негативная форма (для вакуумного формования)	FEMALE MOLD
негативная форма	FEMALE DIE; NEGATIVE DIE
одногнездная форма	SINGLE CAVITY MOLD; SINGLE IMPRESSION MOLD
одноместная форма	SINGLE CAVITY MOLD; SINGLE IMPRESSION MOLD
позитивная форма	DRAPE MOLD (в. ф.); MALE MOLD; POSITIVE MOLD; MALE DIE; POSITIVE DIE
пустотелая металлическая форма	SHELL MOLD (в. ф.)
сандвичевая форма	SANDWICH MOLD
форма с высокочастотным обогревом	HIGH-FREQUENCY ELECTRICALLY HEATED MOLD
секторная форма	COLLAPSIBLE MOLD

Форма с изолированными литниками	ISOLATED FEED BUSH MOLD
Форма с изолированными литниковыми каналами	INSULATED RUNNER MOLD
Форма с обогреваемыми литниками	HOT RUNNER MOLD
Форма с одним впускным литником	SINGLE GATE MOLD
Форма с паровым обогревом	STEAM-HEATED MOLD
спиральная Форма (для литья под давлением)	SPIRAL-CAVITY MOLD
Форма с плавающим блоком горячих литников	FLOATING MANIFOLD HOT RUNNER MOLD
Форма с резиновой подушкой для деформирования жести	HYDRO-PRESS DIE
Форма с точечным литником	PINPOINT-GATING MOLD
Форма с удлиненным соплом	EXTENDED NOZZLE MOLD
Форма с эластичным мешком	BAG MOLD
таблеточная Форма	PRE-FORMING TOOL
угловая Форма	ANGLE MOLD
экспериментальная Форма	SAMPLE MOLD
Формальдегид	FORMALDEHYDE; FORMIC ALDEHYDE
Формилцеллюлоза	CELLULOSE FORMATE
Формование	FORMING; MOLDING
автоклавное Формование	AUTOCLAVE MOLDING
вакуумное Формование	VACUUM FORMING
Формование в мешке с последующей обработкой в автоклаве	AUGMENTED BAG MOLDING
Формование выдуванием	BLOW FORMING
выдувное Формование	BLOW MOLDING
Формование вытяжкой	STRETCH FORMING
горячее Формование	HOT FORMING; THERMO-FORMING; HEAT FORMING
диффузионное Формование	DIFFUSION MOULDING

ФОРМОВАНИЕ

дутьевое формование	BLOW MOLDING
дутьевое формование	BLOW FORMING
формование изделий методом окунания	SOLVENT MOLDING
формование изделий с внутренней резьбой	INTERNAL THREAD MOULDING (л. д.)
формование из заготовки	FORMING OF BLANK
контактное формование (без давления)	CONTACT MOLDING
контактное формование	IMPRESSION MOLDING
контактное формование слоистых пластиков	CONTACT LAMINATING
формование листового термопласта над дорном	MANDREL FORMING
формование (листовых термопластов через зажимную раму)	SLIP FORMING
формование методом надувной иглы	NEEDLE BLOWING METHOD
формование методом прессования под высоким давлением	HIGH-PRESSURE COMPRESSION MOLDING
формование на матрице под давлением	MATCHED DIE PRESSURE MOLDING
негативное вакуумное формование	STRAIGHT VACUUM FORMING
формование окунанием	DIP MOLDING
формование пасты из полиэфирной смолы и асбестового волокна	DOUGH MOLDING (ан.)
формование пасты из полиэфирной смолы и стеклянного волокна	DOUGH MOLDING (ан.)
формование пластизоля в пустотелых формах (способом выливания с последующим вращением)	FLOW CASTING SLUSH CASTING; HOLLOW CASTING SLUSH CASTING; SLUSH CASTING
позитивно вакуумное формование	DRAPE AND VACUUM FORMING
позитивное (вакуумное) формование	DRAPE FORMING
формование полых изделий заливкой	SLUSH MOLDING
рамное формование (изделий из слоистых пластиков сложного контура)	SKELETON FORMING
формование резиновым мешком	RUBBER BAG MOLDING

ФОРМОВАНИЕ

ручное формование на матрице без давления	HAND LAY-UP OPEN-MOLD METHOD
формование сандвичевых конструкций	SANDWICH MOLDING
формование слоистых пластиков методом наслоения	LAY-UP PROCEDURE
формование спеканием	POWDER SINTERING MOLDING
формование с помощью токов высокой частоты	RADIO-FREQUENCY MOLDING
центробежное формование	ROTATION MOLDING; CENTRIFUGAL MOLDING; ROTORFORMING
формование эластичным мешком	BAG MOLDING; DEFLATABLE BAG MOLDING; FLEXIBLE BAG MOLDING
формование эластичным пуансоном	FLEXIBLE PLUNGER MOLDING
формовать	MOLD; FORM; FASHION; CAST
формовка	FORMING
формовка	MOLD PRESSING
формуемость	MOLDABILITY
формующийся	MOLDABLE
формы	
формы совмещенные на одной оси	IN-LINE RECIPROCATING MOLDS
сопрягаемые металлические формы (штампы)	MATCHED MOLDS
форполимер	PRE-POLYMER
форпрессовка	
форпрессовка (предварительное прессование)	FORE PRESSURE
форсунка	AIR JET
фосфат	PHOSPHATE
фотополимеризация	PHOTOPOLYMERIZATION
фотосенсибилизатор	PHOTOSENSITIZER
фракция	
кислая фракция дегтя	TAR ACID

ФТАЛАТ

Фталат	PHTHALATE
Фтор	FLUORINE
Фторид	
Фторид бора	BORON FLUORIDE
Фтороуглеводород	FLUOHYDROCARBON
Фтороуглерод	FLUOCARBON
Фугование	CENTRIFUGING; WHIZZING
Фугованный	WHIZ(Z)ED
Фуговать	WHIZ(Z); CENTRIFUGE
Фунгисид	ANTIMILDEW COMPOUND; ANTI-FUNGAL
Фунгисидный	ANTI-FUNGAL
Фунгицид	FUNGICIDE
Фурфурол	FURFURAL
Футерование	
Футерование резиной	RUBBER LINING
Футерованный	
Футерованный резиной	RUBBER LINED
Футеровать	LINE
Футеровка	LINING; SHIRT
Футеровка барабана	DRUM LINER
кислотоупорная Футеровка	ACID-PROOF LINING
Футеровка корпуса	BARREL LINING (экстр.)
резиновая Футеровка	RUBBER LINING
Футеровка со спиральной канавкой	RIFFED LINER
Футеровка с продольной канавкой	GROOVED LINER
Футляр	
Футляр (кабеля)	SHEATH

ХАРАКТЕР

характер

характер деформачии | DEFORMATION BEHAVIOUR

характеристика

обьемная характеристика | BULK INDEX

хлопьевидный | FLAKY

хлопья | FLAKES; CHIPS

хлор | CHLORINE

хлорангидрид

хлорангидрид двуосновной кислоты | CHLORIDE OF DIBASIC ACID

хлоргидрин | CHLORHYDRIN; CHLOROHYDRINE

хлорид | CHLORIDE

хлорид алюминия | ALUMINIUM CHLORIDE

хлоропласт | CHLOROPLAST

ход

ход (винта) | PITCH

ход в минуту | STROKE PER MINUTE

двойной ход | UP-AND-DOWN STROKE

ход замыкания (пресса) | CLOSING TRAVEL

нижний ход (поршня) | CLOSING STROKE

обратный ход | REVERSAL

обратный ход червяка | BACK STROKE OF SCREW

ход (поршня) | STROKE

ход поршня при впрыске | INJECTION STROKE (л. д.)

ход при сжатии пресс-массы | CLOSING STROKE

холостой ход | IDLE TIME

холодильник | COOLER; REFRIGERATOR

вакуумный холодильник | FLASH COOLER

змеевиковый холодильник | COOLING COIL

холодильник	
кислотный холодильник	ACID COOLER
обратный холодильник	BACK FLOW CONDENSER; REFLUX CONDENSER
трубчатый холодильник	PIPE COOLER
холодный	COOL
хомут	COLLAR
хранение	
хранение на холоду	COLD STORAGE
хранить	
хранить на стеллажах	SHELVE
хризотил	CHRYSOTILE
хром	CHROMIUM
хромирование	CHROME PLATING; CHROMIUM PLATING
хромированный	CHROMIUM PLATED; CHROME-PLATED
хрупкий	BRITTLE; FRAGILE; FRIABLE
хрупкость	FRAGILITY; EMBRITTLEMENT; BRITTLENESS
цапфа	SHANK; THROAT
царапать	SCRATCH; MAR
царапина	MAR; SCRATCH
цвет	
насыщенный цвет	HEAVY SHADE
тусклый цвет	DEAD COLOR
цветной	COLORED
цветостабильность	COLOR STABILITY
цветостойкость	COLOR STABILITY
цедилка	COLANDER
цезий	CESIUM

чеин	ZEIN
челлофан	CELLOPHANE
челлулоид	CELLULOID
челлюлоза	CELLULOSE
очищенная челлюлоза	CHEMICAL COTTON
регенерированная челлюлоза	REGENERATED CELLULOSE
чемент	CEMENT; BONDING CEMENT
чементачия	CASE HARDENING
чентрирование	
чентрирование (формы)	ALIGNMENT
чентрировать	
чентрировать (форму)	ALIGN
чентрировка	
плохая чентрировка пресс-формы	MOLD MISALIGNMENT
плохая чентрировка формы	MOLD MISALIGNMENT
чентрировка пресс-формы	MOLD ALIGNMENT
чентрировка формы	MOLD ALIGNMENT
чентрифуга	CENTRIFUGE; WHIZZER
корзиночная чентрифуга	BASKET CENTRIFUGE
отжимная чентрифуга	EXTRACTOR TYPE CENTRIFUGE
чентрифугирование	CENTRIFUGING; WHIZZING
чентрифугированный	WHIZ(Z)ED
чентрифугировать	WHIZ(Z); CENTRIFUGE
чепь	CHAIN
замкнутая чепь	CIRCUIT
линейная молекулярная чепь	LINEAR MOLECULAR CHAIN
прямая чепь	STRAIGHT CHAIN (хим.)
разветвленная чепь	BRANCHED CHAIN; FORKED CHAIN

сильно разветвленная цепь	HIGHLY BRANCHED CHAIN
церий	CERIUM
цианамид	CYANAMIDE
цианамид кальция	CALCIUM CYANAMIDE; NITROLIME
цикл	
автоматический цикл	AUTOMATIC CYCLE
полный цикл формования	OVERALL MOLDING CYCLE
цикл прессования	MOLDING CYCLE
цикл формования	MOLDING CYCLE
циклогексан	CYCLOHEXANE
циклогексанон	CYCLOHEXANONE
циклон	DUST REMOVER
циклополимеризация	CYCLO POLYMERIZATION
цилиндр	CYLINDER; SLEEVE (экстр.)
гидравлический цилиндр смыкания формы	MOLD CLOSING CYLINDER
гладильный цилиндр	MACHINE-GLAZE CYLINDER; MG-CYLINDER
загрузочный цилиндр	TRANSFER WELL (л. пресс.)
цилиндр литьевого пресса (создающий усилие литья)	TRANSFER CYLINDER
литьевой цилиндр	INJECTION CYLINDER
материальный цилиндр	FEED CYLINDER (л. д.); HEATING CYLINDER (л. д.); HEATING CHAMBER (л.м.)
нагревательный цилиндр	HEATING CHAMBER (л. м.); HEATING CYLINDER (л. д.)
обогревающий цилиндр	FEED CYLINDER (л. д.)
цилиндр предварительной пластикации	PREPLASTICIZING CYLINDER
сдвоенный цилиндр	TWIN CYLINDER
цилиндр экструдера	BARREL

цинк	ZINC
чан	TANK
чан для макания	DIPPING TANK
отстойный чан	DEWATERING BOX
смесительный чан	MIXING TANK
частицы	
инородные частицы	FOREIGN MATTER
посторонние частицы	TRAMP MATERIAL
стеклянные полые сферические частицы (наполнитель)	GLASS MICROBALLOON PARTICLES
часть	
вступающая в реакцию весовая часть	REACTING WEIGHT
выходная часть оформляющего канала мундштука (головки)	DIE ORIFICE
выходная часть оформляющего канала	ORIFICE RELIEF (экстр.)
задняя лицевая часть нарезки (простирающаяся от вала червяка до поверхности нарезки и направленная в сторону приемного отверстия)	TRAILING EDGE (экстр.)
задняя лицевая часть нарезки (простирающаяся от вала червяка до поверхности нарезки и направленная в сторону приемного отверстия)	REAR FACE OF FLIGHT (экстр.)
летучая часть лака	VOLATILE VEHICLE
нелетучая часть лака	NONVOLATILE VEHICLE
неподвижная часть литьевой формы	COVER MOLD
передняя лицевая часть нарезки (простирающаяся от вала червяка до поверхности нарезки и направленная в сторону выхода массы)	FRONT FACE OF FLIGHT (экстр.); LEADING EDGE (экстр.)
поднутренная часть толкателя литника пресс-формы	ANCHOR
поднутренная часть толкателя литника формы	ANCHOR

ЧАСТЬ

приводная часть червяка (выступающая сзади из корпуса экструдера)	SCREW SHAKER
составная часть	CONSTITUENT; COMPONENT; INGREDIENT
чаша	
выпарная чаша	EVAPORATING PAN
кристаллизационная чаша	CRYSTALLIZING PAN
сменная чаша (в мешателях)	CHANGE CAN
чеканить	CAULK; STAMP
червяк	SCREW; SCROLL; WORM
двухзаходный червяк	DOUBLE-LEAD SCREW
конический червяк	CONICAL SCREW; TAPER THREAD (экстр.)
многозаходный червяк (экструдера)	MULTIPLE FLIGHTED SCREW
однозаходный червяк (экструдера)	SINGLE FLIGHTED SCREW
подающий червяк	FEED SCREW
полый червяк	CORED SCREW (экстр.)
червяк предварительной пластикации	PREPLASTICIZER SCREW
червяк с постоянной глубиной резьбы и уменьшающимся шагом	CONSTANT THREAD DECREASING PITCH SCREW
червяк с постоянным шагом и уменьшающейся глубиной резьбы	CONSTANT TAPER SCREW (экстр.)
червяк с резьбой постоянного угла наклона винтовой линии	CONSTANT LEAD SCREW (экстр.); UNIFORM PITCH SCREW (экстр.)
червяк с уменьшающимся шагом и постоянной глубиной резьбы	DECREASING LEAD SCREW (экстр.)
трехзаходный червяк	TRIPLE THREAD
цилиндрический червяк	STRAIGHT THREAD (экстр.)
червяк экструдера, охлаждаемый водой	WATER-COOLED SCREW
черенок	
черенок инструмента	SHANK

черепица	TILE
чертеж	DESIGN
чертить	TRACE
чешуйка	FLAKES
чешуйчатый	FLAKY; SCALY
число	RATIO
число активации	ACTIVATION NUMBER
атомное число	ATOM NUMBER
ацетильное число	ACETYL NUMBER; ACETYLATION NUMBER
число запрессовок в час	LIFT PER HOUR
кислотное число	ACID NUMBER; ACID VALUE
число омыления	SAPONIFICATION VALUE
эфирное число (разность между числом омыления и кислотным числом)	ESTER NUMBER
чувствительность	
чувствительность (материала) к надрезу (изменение прочности при наличии неравномерной поверхности, надреза, трещин или царапин)	NOTCH SENSIBILITY
чувствительный	
чувствительный к коррозии	SUSCEPTIBLE TO CORROSION
чулок	
снимаемый "чулок"	STRIPPABLE COATING
шаблон	TEMPLET; SHAPING PLATE
шаблон (для раскраски и печати)	STENCIL
шаг	
шаг винта	PITCH SCREW
шаг (резьбы)	PITCH
шаг резьбы (червяка)	FLIGHT PITCH (экстр.)

ШАГ

шаг резьбы	FLIGHT LEAD (экстр.)
шаг сварочных швов (расстояние между швами)	ROOT GAP
шайба	
шайба выравнивающая течение массы в цилиндре	DIE RESTRICTION (экстр.)
изолирующая шайба	INSULATION WASHER
полировочная шайба	POLISHING WHEEL
притирочная шайба	LAPPING WHEEL
тормозная шайба	BRAKE DISK
шлифовальная шайба	GRINDING WHEEL; ABRASIVE WHEEL
шарик	BEAD
шарик термометра	THERMOMETER BULB
шарики	
вспениваемые шарики	EXPANDABLE BEADS
пустотелые шарики (фенольной или мочевинной смолы, наполненные, напр., азотом)	MICROBALLOONS
шейка	THROAT
шейка (образованная при растяжении)	NECK
шелк	
ацетатный шелк	ACETATE SILK
искусственный шелк	RAYON
медноаммиачный шелк	COPPER AMMONIA SILK; CUPRA SILK; CUPRAMMONIUM SILK; CUPRATE SILK
шеллак	SHELLAC
неочищенный шеллак	LAC
шероховатость	PIMPLING
шерсть	
шлаковая шерсть	SLAG WOOL

шестерня	GEAR
шибер	GATE VALVE; SLIDE VALVE; SLUICE VALVE
боковой шибер (пресс-формы)	SLIDE
шивотный клей	ANIMAL GLUE
ширина	
ширина витка (червяка)	LAND WIDTH
ширина зазора вальчов	SET OF ROLLS
ширина зазора между валками	ROLL SETTING
ширина нарезки (шнека)	FLIGHT
нормальная ширина рабочего канала экструдера (измеряемая поперек канала по поверхности резьбы перпендикулярно последней)	NORMAL SCREW CHANNEL WIDTH
нормальная ширина резьбы червяка (измеряемая перпендикулярно винтовой линии)	NORMAL FLIGHT LAND WIDTH (экстр.)
осевая ширина рабочего канала экструдера (измеряемая поперек канала по поверхности резьбы в осевом направлении)	AXIAL SCREW CHANNEL WIDTH
осевая ширина резьбы червяка (измеряемая в направлении оси)	AXIAL FLIGHT LAND WIDTH (экстр.)
шифер	SCHIST
шкала	SCALE
шкала времени	TIMESCALE
шкала грохочения	SIEVE SCALE
шкала прибора, на которой имеется регулируюшее приспособление	SETTING DIAL
шкала сит	SIEVE SCALE; SIEVE RATIO
шкала твердости	HARDNESS SCALE
шкала твердости по Моосу	MOHS' SCALE
шкаф	
сушильный шкаф	CABINET DRIER; DESICCATOR CABINET; DRYING CABINET

ШЛАК

шлак	CINDER; SINTER
шланг	TUBING
изоляционный шланг (гибкий)	INSULATING TUBING
шлифование	ABRADING; ABRASION; POLISHING; GRINDING
шлифовать	GRIND; ABRADE; SAND
шлифовка	GRINDING
шлифовка во вращающемся барабане	BARRELING
шлифующий	ABRASIVE
шлиц	
Т-образный шлиц	T-SLOT
шнек	SCREW; WORM; AUGER
конический шнек	CONICAL SCREW
питающий шнек	FEED SCREW
секционный шнек	SECTIONAL SCREW
транспортерный шнек	SCREW CONVEYOR
шнек-машина	SCREW EXTRUDER
шнек-машина (для изготовления пленок на вращающейся платформе)	"ROTATRUDER"
шнек-пресс	SCREW KNEADER; SCREW EXTRUSION MACHINE; SCREW-TYPE EXTRUSION MACHINE
шнур	CORD
шов	JOINT; SEAM
адгезионный шов	ADHESION BOND
зигзагообразный сварной шов (на пленке)	CRIMP SEAL
клеевой шов	GLUE JOINT
образный стыковой шов со скосом двух кромок	SINGLE-V BUTT WELD
одинарный сварной V-образный шов	SINGLE-V BUTT WELD

шов

ослабленный шов	STARVED JOINT
сварной шов	WELD
сварочный шов	WELDING SEAM
сварочный шов (треугольной формы)	SEALING RUN
сплошной шов внахлестку	SEAM WELD
стыковой сварной шов	BUTT WELD
стыковой шов без скоса кромок	SQUARE BUTT WELD
стыковой шов с накладкой	STRIP WELD
торцевой шов	EDGE WELD
угловой сварной шов	CORNER WELD
угловой шов	FILLET WELD
углубленный шов	SUNKEN JOINT
уплотненный шов	SEALING WELD
уплотняющий шов	CAULKING SEAM; SEALING JOINT
Х-образный сварной шов с двумя симметричными скосами двух кромок	DOUBLE-V BUTT WELD
шпилька	PIN (пресс.)
возвратная шпилька	PUSH-BACK PIN; RETURN PIN
выталкивающая шпилька	EJECTOR PIN
выталкивающая шпилька центрального литника	SPRUE LOCK PIN
шпилька для арматуры	INSERT PIN; RETAINER PIN
оформляющая шпилька	HOLE FORMING PIN; CORE PIN
сьемная оформляющая шпилька (пресс-формы)	LOOSE CORE
шпильки	
встречные оформляющие шпильки	BUTT PINS
шпон	VENEER; VENEER SHEET
древесный шпон	WOOD VENEER

лущеный шпон	SAWN VENEER
шпрединг-машина	SPREADER; SPREAD COATER
намазочная шпрединг-машина	SPREADING MACHINE
шпрединг-машина с воздушносопловым выравниванием слоя	MICRO-JET ROLL COATER
шпрединг-машина со щеточной раклей	BRUSH SPREADER
шпрединг-машина с плавающей раклей	FLOATING KNIFE COATER
шпрединг-машина (с резиновой лентой)	BLANKET COATER
шпредирование	SPREAD COATING
двухстороннее шпредирование	DOUBLE SPREADING
шприц	GUN
штамп	PUNCH; DIE
вырезной штамп	DINKING DIE
вырубной штамп	CHOP-OUT DIE
вытяжной штамп	DRAWING DIE; STRETCH DIE
гравировальный штамп	EMBOSSING DIE
штамп для вырубки заготовок	BLANKING DIE
штамп для рубки листовых материалов	CHOP-OUT DIE
штамп для формования листовых термопластов	MATCHED METAL DIE
штамп для чеканки	STAMPING DIE
ковочный штамп	DROP DIE
ножевой съемный штамп	OPEN-FACED DIE
ножевой штамп	DINKING DIE
ножевой штамп с выталкивателем	OUTLINE-BLANKING DIE
открытый ножевой штамп	OPEN-FACED DIE; OUTLINE DIE; CHISEL BEVEL
пробивной штамп	PUNCHING DIE
штамп с автоматическим выталкиванием изделий	EJECTING OUTLINE-BLANKING DIE

ШТАМП

штамп с выбрасывателем	KNOCK-OUT DIE
штамп с выталкивателем	KNOCK-OUT DIE; EJECTOR DIE
фасонный ножевой штамп (изогнутая стальная лента, заточенная и посаженная в оправу)	STEEL-RULE DIE
фасонный штамп для высекания слоистых заготовок (изогнутая стальная лента, заточенная и посаженная в оправу)	CLICKING DIE
штампование	BLANKING; PUNCHING
штамповать	PUNCH; BLANK; STAMP
штамповка	BLANKING; FORMING; PUNCHING
штамповка листовых материалов	DIE PRESSING
штамповка листовых термопластов	PRESSURE FORMING
штамповка слоистых заготовок	CUTTING
штемпель	STAMP
штифт	
штифт для удерживания арматуры	CARRIER PIN
оформляющий штифт	HOLE FORMING PIN
фиксирующий штифт	LOCATING PIN
штранг-пресс	EXTRUDING PRESS
гидравлический штранг-пресс	STUFFER (экстр.)
щека	
щека матрицы	CAVITY PLUG (пресс.)
неподвижная щека	STATIONARY LIP (экстр.)
щелочестойкость	ALKALI RESISTANCE
щелочеупорность	ALKALI RESISTANCE
щелочной	ALKALINOUS
щелочность	ALKALINITY
щелочь	ALKALI
щель	CREVICE

выходная щель головки экструдера	DIE LIPS
щель головки экструдера	DIE GAP
щель мундштука	SLIT ORIFICE
щепа	CHIPS
эбонит	HARD RUBBER
эжектор	EDUCTOR
экзотермический	THERMOPOSITIVE
экран	SHADE
эксикатор	DESICCATOR
экспендер	EXPANDER
экстракт	EXTRACT
ацетоновый экстракт	ACETONE EXTRACT
экстракция	EXTRACTION
экстраполяция	EXTRAPOLATION
экструдат	EXTRUDED ARTICLE
экструдат (профиль, выходящий из экструдера)	EXTRUDATE
экструдер	EXTRUDER; EXTRUSION MACHINE
адиабатический экструдер	ADIABATIC EXTRUDER
двухстадийный экструдер	TWO-STAGE SCREW
двухчервячный экструдер	TWIN-SCREW EXTRUDER
двухшнековый экструдер	TWIN SCREW; TWIN-START SCREW
зональный экструдер	TWO-STAGE SCREW
многочервячный экструдер	MULTI-SCREW EXTRUDER
многошнековый экструдер	MULTI-SCREW EXTRUDER
одночервячный экструдер	SINGLE-SCREW EXTRUDER; SINGLE SCREW EXTRUSION MACHINE
экструдер с выходным отверстием	VENTED SCREW
экструдер с зоной отсоса	VENTED EXTRUDER

ЭКСТРУДЕР

экструдер червячного типа	SCREW-TYPE EXTRUSION MACHINE
червячный экструдер	SCREW EXTRUDER
экструдировать	EXTRUDE
экструдируемость	EXTRUDABILITY
экструзия	EXTRUSION; EXTRUSION MOULDING
автотермическая экструзия (осуществляемая только за счет механической работы червяка)	AUTOGENEOUS EXTRUSION; AUTOTHERMAL EXTRUSION
адиабатическая экструзия	ADIABATIC EXTRUSION
экструзия в вертикальном направлении	VERTICAL EXTRUSION
экструзия в горизонтальном направлении	HORIZONTAL EXTRUSION
экструзия массы с растворителем	WET EXTRUSION
многошнековая экструзия	MULTI-SCREW EXTRUSION
пластицирующая экструзия (питание экструдера твердым материалом)	PLASTIFYING EXTRUSION
экструзия расплава (питание экструдера расплавом)	MELT EXTRUSION
экструзия с последующим раздувом	BLOW-EXTRUSION PROCESS
сухая экструзия (без применения растворителей)	DRY EXTRUSION
эластичность	ELASTICITY; FLEXIBILITY
высокая эластичность	HIGH ELASTICITY
эластичность расплава	MELT ELASTICITY
эластичный	FLEXIBLE
эластомер	ELASTOMER
эластомеры	ELASTOMER PLASTICS
электронагреватель	
пластинчатый электронагреватель	ELECTRIC(AL) BLANKET HEATING
электрофорез	ELECTROPHORESIS
элемент	
нагревательный элемент	HEATING MEMBER

ЭЛЕМЕНТ	
структурный элемент	STRUCTURAL ELEMENT
эмиссия	EMISSIVITY
эмульгатор	EMULSIFIER
эмульгация	EMULSIFICATION
эмульгирование	EMULSIFICATION
эмульсия	EMULSION
клеевая эмульсия	ADHESIVE EMULSION
противовспенивающая эмульсия	ANTI-FOAMING EMULSION
расслоившаяся эмульсия	BROKEN EMULSION
эндотермический	THERMONEGATIVE
энергия	
энергия активации	ACTIVATION ENERGY
энергия разрыва	TENSILE ENERGY
энергия растяжения	TENSILE ENERGY
эпоксигруппа	EPOXY GROUP
этил	
хлористый этил	ETHYL CHLORIDE
этилбензол	ETHYL BENZENE
этилен	
хлористый этилен	ETHYLENE CHLORIDE
этиленгликоль	ETHYLENE GLYCOL
этилксантогенат	ETHYL-XANTHATE
этилцеллюлоза	ETHYL CELLULOSE
этрол	
ацетилцеллюлозный этрол	CELLULOSE ACETATE MOLDING MATERIAL
эфир	
эфир адипиновой кислоты	ADIPATE; ADIPIC ESTER

ЭФИР

эфир азотной кислоты	NITRATE
эфир акриловой кислоты	ACRYLIC ESTER; ACRYLATE
бутиловый эфир уксусной кислоты	BUTYL ACETATE
эфир гарпиуса	ESTER GUM
эфир глицидной кислоты	GLICIDIC ESTER
глицидный эфир	GLICIDIC ESTER; GLYCIDOL ETHER
диаллиловый эфир	DIALLYL OXIDE
эфир канифоли	ESTER GUM
эфир карбаминовой кислоты	CARBAMATE; ALKYL CARBAMATE
кислый эфир	ETHER ACID
эфир ксантогенной кислоты	XANTHATE; XANTHOGENATE
эфир метакриловой кислоты	METHACRYLIC ESTER
метиловый эфир метакриловой кислоты	METHACRYLIC METHYLESTER
эфир муравьиной кислоты	FORMATE
неполный эфир кислоты	ETHER ACID
полиакриловый эфир	POLYACRYLATE
простой эфир	ETHER
сложный эфир	ESTER
сложный эфир целлюлозы	CELLULOSE ESTER
эфир угольной кислоты	CARBONATE; ALKYL CARBONATE
эфир уксусной кислоты	ACETATE
уксусный эфир винилового спирта	VINYL ACETATE
эфир фенола	PHENATE
эфир фталевой кислоты	PHTHALATE
эфир эпигидринового спирта	GLYCIDOL ETHER
эфирокислота	ETHER ACID
эффект	
инерциальный эффект	INERTIAL EFFECT

ЭФФЕКТ

каландровый эффект	CALENDERING EFFECT
тепловой эффект	HEAT EFFECT
эффективность	
эффективность катализатора	ACTIVITY OF CATALYST
юстировка	ADJUSTMENT
яд	
катализаторный яд	POISON FOR CATALYST
ядовитость	TOXICITY
ядро	NUCLEUS
атомное ядро	ATOM NUCLEUS
бензольное ядро	BENZENE NUCLEUS
ядро структурного течения	PLUG CORE (бум.)
ярлык	TAG
ячеистый	CELLULAR; ALVEOLAR
ячейка	CELL
элементарная ячейка	UNIT CELL; SPACE UNIT